产品设计手绘表现技法

Sketch Techniques

编著 | 郑志恒　史慧君　傅儒牛

化学工业出版社

·北京·

本书从产品设计实际流程出发，结合设计思维，对产品设计手绘表现进行从基础到专业、从易到难、循序渐进、系统科学的讲解及训练演示，进而解析了其发展趋势——计算机辅助产品设计手绘。全书共5章，第1章为概述；第2章介绍产品设计手绘的基础练习；第3章讲解产品设计手绘表现的种类、方法及应用；第4章结合设计思维进行产品设计手绘表现；第5章是计算机辅助产品设计手绘及作品赏析。书中有大量产品设计手绘作品——构思草图、概略草图、效果图，可供学习者临摹、研究。

本书可作为产品设计专业师生的教学用书，亦适用于企业设计人员及手绘爱好者。

图书在版编目（CIP）数据

产品设计手绘表现技法/郑志恒，史慧君，傅儒牛编著．—北京：化学工业出版社，2019.12（2023.1重印）
ISBN 978-7-122-35327-6

Ⅰ．①产… Ⅱ．①郑… ②史… ③傅… Ⅲ．①产品设计-绘画技法 Ⅳ．① TB472

中国版本图书馆CIP数据核字（2019）第223088号

责任编辑：张　阳	装帧设计：张　辉
责任校对：刘曦阳	

出版发行：化学工业出版社（北京市东城区青年湖南街13号　邮政编码100011）
印　　装：中煤（北京）印务有限公司
787mm×1092mm　1/16　印张7　字数250千字　2023年1月北京第1版第3次印刷

购书咨询：010-64518888　售后服务：010-64518899
网　　址：http://www.cip.com.cn
凡购买本书，如有缺损质量问题，本社销售中心负责调换。

定　价：49.80元　　　　　　　　　　　　　　　　　　版权所有　违者必究

前言

产品设计在当今社会的发展过程中发挥着举足轻重的作用。产品设计师是中国创造的助产师,而产品设计手绘是设计师的重要核心技能。设计手绘作为一种设计表现,旨在帮助人们直观地感受产品成型后的魅力,以及产品形态的发展趋势。目前,产品设计领域的设计手绘风格手法趋于多样化,这为产品设计开拓更为广阔的想象空间提供了原创动力。设计师们可以利用手绘技能将产品的构思和创作灵感更好地表现出来,创作出更多优秀的产品,从而更好地实现中国创造走向世界、中国产品誉满全球的目标。

产品设计手绘指设计师通过手绘的形式将头脑中创意、想象与构思的多种虚拟图像视觉化并将其不断优化的行为过程,其核心功能是对产品设计理念的表达。"产品设计手绘表现技法"对于产品设计专业的学习者而言是一门必修课,可以提升其造型能力和表达能力,将自己的设计构思快速而直观地表现出来,还可以收集和记录一些产品的形态和结构特征,为之后的设计储备素材。

本书从产品设计手绘表现的使用工具、材料讲起,又对手绘过程中线条、透视、质感表现等基础环节进行阐述,重点是产品设计手绘表现的不同方法、结合设计思维进行手绘表现,即利用故事板、思维导图、用户体验地图、四象限图等图形化表现手段,将设计思维视觉化呈现。我们力求使本书符合产品设计专业发展的要求,力争打造一本满足当代产品设计人才培养教学需求的精品教程。

本书共分为5章。第1章为产品设计手绘表现技法概述,介绍产品设计手绘表现的基本概念、工具、材料及表现步骤;第2章为产品设计手绘的基础练习,分别从线条、透视、不同质感的表现三方面进行讲解;第3章为产品设计手绘表现的种类、方法及应用,具体阐述产品设计手绘中的构思草图、概略草图、效果图及手绘表现的应用;第4章结合设计思维进行产品设计手绘表现，重点介绍了设计思维的视觉化表现、产品手绘表现的不同方法及流程；第5章为计算机辅助产品设计手绘及作品赏析。本书由郑志恒、史慧君、傅儒牛编著，其中第1、4章由史慧君编著，第2、5章由郑志恒编著，第3章由傅儒牛编著。

  本书在编著过程中得到了多方支持与帮助。在此要感谢上海龙创汽车设计股份有限公司何双双，"天津一行手绘"刘培刚，天津城建大学城市艺术学院尚金凯、张小开、孙媛媛和方向东老师的支持，感谢龙创·天津造型中心宋俊仕提供案例素材，感谢龙创·无锡造型中心的设计师们以及天津城建大学学生龚旖轩、王纯、刘晓阳、孙望远、熊艳菲、罗艺、忤金丽、祖鹏、刘昊、王梦琪、高梦楠、吕维晓、李国强、丁雪等提供设计作品。由于时间仓促，本书可能存在一些不足之处，敬请读者批评指正。

编著者

2019年8月

目录

第 1 章 概述

1.1 产品设计手绘表现的基本概念   002
1.2 产品设计手绘表现的工具、材料   004
1.2.1 纸张的选择   004
1.2.2 笔的选择   005
1.2.3 其他辅助工具   012
1.3 产品设计手绘表现的步骤   013
1.3.1 线稿   013
1.3.2 着色   014

第 2 章 产品设计手绘的基础练习

2.1 手绘线条表现   018
2.1.1 直线的表现   019
2.1.2 曲线的表现   020
2.2 手绘透视表现   023
2.2.1 平行透视法   024
2.2.2 45度透视法   027
2.3 手绘质感表现   029
2.3.1 金属质感表现   029
2.3.2 木材质感表现   030
2.3.3 塑料质感表现   031
2.3.4 综合质感表现   031

第 3 章 产品设计手绘表现的种类、方法及应用

3.1 产品设计手绘表现的种类   034
3.1.1 构思草图   034
3.1.2 概略草图   035
3.1.3 效果图   036
3.2 产品设计手绘表现的方法及步骤   040
3.2.1 淡彩画法   040
3.2.2 底色画法   046

3.2.3 高光画法	047
3.2.4 渐层画法	048
3.2.5 水粉画法	049
3.2.6 综合画法	051
3.3 产品设计手绘表现的应用	**054**
3.3.1 产品设计过程阶段的应用	054
3.3.2 创意思维表现阶段的应用	060

第 4 章　结合设计思维进行产品设计手绘表现

4.1 设计思维与手绘表现的关系	**064**
4.2 设计思维的视觉化表现	**065**
4.2.1 故事板	065
4.2.2 思维导图	069
4.2.3 用户体验地图	071
4.2.4 四象限分析图	074
4.2.5 鱼骨图	075
4.3 产品设计手绘表现的具体流程	**076**
4.3.1 草图构思	076
4.3.2 方案确定	077
4.3.3 细节补充	077
4.3.4 马克笔上色	078

第 5 章　计算机辅助产品设计手绘及作品赏析

5.1 手绘表现的发展趋势	**081**
5.2 计算机辅助产品设计手绘的流程	**087**
5.2.1 案例一——播放器的绘制	087
5.2.2 案例二——遥控手柄的绘制	091
5.2.3 案例三——摄影器的绘制	093
5.3 计算机辅助产品设计手绘作品欣赏	**097**

参考文献　　106

第1章 概述

1.1 产品设计手绘表现的基本概念

产品设计是指针对工业产品和日常生活用品进行的设计，是将设计师所构思的设计计划和规划通过线条、材料、造型和色彩等艺术形式表达出来，并最终利用机器或手工制作成产品展现在人们面前的一门艺术设计学科。

产品设计手绘是指设计师通过手绘的形式将头脑中的创意与想象、构思的多种虚拟图像、能够有效解决问题的内容视觉化并将其不断优化的行为。具体来说，产品设计手绘表现是通过绘画的手段，形象而直观地描绘产品的造型、色彩、材质和结构等特征，并表达出设计意图的一种徒手绘画形式。

设计手绘的关键性作用是将设计师脑海中的瞬间创意或最终创建的某个全新形态经过推敲以视觉化的形象呈现。设计手绘最终目的不是单纯为了再现现有产品，而是将头脑中构思的创意形态视觉化。期间需要设计师不断地将最初的创意发散推敲直至得到优秀的设计作品。总的来说，产品设计手绘是设计过程中记录、推敲、构想、交流的重要手段，其功能如下。

（1）积累创意的原材料

一方面，设计不是凭空而来的，在设计中，常常需要收集设计相关资料，对资料从设计的角度进行视觉化的呈现与总结。另一方面，设计师的灵感是弥足珍贵的，也是稍纵即逝的。因此在设计的开始阶段，运用手绘的方式把不确定的、模糊的想法从最初的天马行空、发散的想象中记录下来，将其抽离、延伸、图示化，捕捉具有创新意义的偶发灵感与思维火花，为后期的方案确立提供最初的积累。在这个过程中，通过设计草图的绘制与积累可以培养设计人员敏锐的洞察力，激发出更多的造型与灵感创意（图1-1-1）。

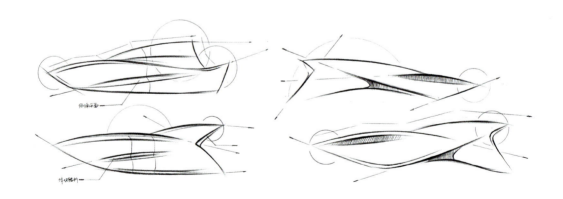

图1-1-1 设计草图——积累创意的原材料

(2)分析、比较、推敲设计构思

无论是产品设计表达课程中的学生还是真实工作情景下的设计师,在完成优秀的设计方案时,必须将头脑中的不确定性与真实的表现相结合,借助手绘的各种方案图进行分析、比较、推敲,理解尺度与形态、色彩与质感以及细节特征等,以获得更具体、更完善的设计构想(图1-1-2)。

图1-1-2 分析、比较、推敲设计构思

(3)设计交流

在产品设计的全过程中,设计师是负责产品造型设计中的一环,更多地还要与有关人员进行沟通,如企业管理者、结构设计人员、材料与工艺人员乃至销售人员等。设计草图具有直观、快捷易于修改的属性,因此便于相关人员之间的交流与沟通,其中一般会借助所绘制的多角度透视图、爆炸图、局部放大图等,快速获取方案的可行性,便于后期三维模型的建立乃至结构设计的开发(图1-1-3)。

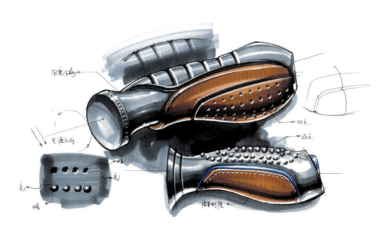

图1-1-3 手绘表现用于设计交流/刘培刚

（4）提升产品设计师的造型能力与空间想象力

设计表达考验着产品设计师表现设计的基本能力。长久的手绘训练可以帮助设计师熟悉掌握产品多变的造型，提高其空间想象能力与尺度感，使其对产品形态与结构精准把控并能够应用到不同领域的产品设计项目中。

1.2 产品设计手绘表现的工具、材料

1.2.1 纸张的选择

设计表现图用纸多而杂，每一种纸配合不同的工具和材料，会呈现出不同的质感表现。一般质地较为结实的绘图纸可以分为素描纸、水彩纸、水粉纸、白卡纸、复印纸、铜版纸、彩色纸板、转印纸等。常用于手绘的纸主要有水彩纸、水粉纸、素描纸、卡纸、有色纸张和复印纸。

（1）水彩纸

水彩纸吸水性较强，富有弹性，厚度适中。一般的水彩纸一面较为粗糙，另一面较为光滑，两面都适合作画。水彩纸既适合奔放、洒脱的绘画风格，也适合平实细腻的细微表现。

（2）水粉纸

水粉纸是一种吸水性良好、质地适中、涂色后色彩均匀的纸张。使用时，多选用表面颗粒细腻的一面，便于深入刻画形体的细部。

（3）素描纸

素描纸是一种价格便宜、使用普遍的纸张。由于纸张较松，切忌用橡皮过多摩擦纸张，否则会使纸张表面起毛而影响整体着色的效果。

（4）卡纸

卡纸是一种厚而较硬的纸，纸面光滑，吸水性较差，着色后色彩透明鲜艳，易留下笔触，初用时较难把握。常见的卡纸有纯黑色卡纸、纯白色卡纸、灰白两面卡纸。熟练使用特殊的技法可以表现出独特的效果。

（5）有色纸张

有时为了达到特定的效果或满足一定的绘制需要，设计师会使用一些带有颜色的纸张。这类纸张的材质是多样的，例如牛皮纸、有色卡纸，或通过用颜料涂刷底色的方法来自制色纸。在手绘表现时，有色纸张有时会达到很不错的效果（图1-2-1）。

（6）复印纸

最为常用的也是价格比较低廉的是普通复印纸。复印纸一般有A4、A3两种尺寸规格，70克、80克两种克重规格。这类纸表面光滑，厚度足够，吸水性较强，是设计师绘制方案时的首选（图1-2-2）。

图1-2-1 有色纸张

图1-2-2 复印纸

1.2.2 笔的选择

手绘用笔分为线稿用笔与上色用笔两大类。最常用的线稿用笔有黑色彩铅、针管笔和中性笔、圆珠笔这几种；上色最为常用的有马克笔、色粉笔、水粉笔等（图1-2-3）。

图1-2-3 常用的笔（黑色彩铅、马克笔、针管笔等）

（1）彩铅

彩铅（图1-2-4）分为水溶性与非水溶性两种。水溶性彩铅质地较软，绘制线条时明暗跨度大，但是容易与马克笔相互融合，造成画面的脏乱现象。非水溶性彩铅（油性），质地稍硬，明暗跨度相对小。对于初学者来说，黑色彩铅更容易把控，也更容易体现线条的属性（轻重、粗细等）。

在效果图绘制结束时，可以使用白色高光铅笔画出产品的高光或反光，使产品效果更加生动。

（2）针管笔、中性笔

针管笔与中性笔，特征类似，出水流畅，线条粗细均匀且干净利落，最适合勾画产品的外轮廓线和结构。针管笔绘制出的线条本身不具备粗细变化，所以一般会用几种不同粗细的笔来绘制不同粗细的线条，画完后很难进行修改，所以起稿时对线条的准确度和控制力要求会稍微高一些。

常用的针管笔有0.1~0.5mm的细笔头，也有诸如1mm、2mm的粗笔头（图1-2-5）。例如，我们在绘制产品手绘图时，可将03号笔和05号笔结合起来画，利用03号笔画内部转折线和结构线，使用05号笔画外轮廓线，这样粗细对比表现出的产品更为生动。

（3）圆珠笔

用圆珠笔绘制的时候与铅笔手感类似，能够区分出线条的轻重粗细，更好地表达产品的形态，但圆珠笔绘制的线条同样具有不可修改性，这就需要使用者在使用时对产品的造型有一定的把控能力（图1-2-6）。

（4）马克笔

马克笔是绘制手绘表现图常用的一种工具，具有方便、快捷、便于携带等优点，表现效果较好（图1-2-7）。

目前，马克笔分为水溶性、油性和酒精性三种。在对产品形态的过渡进行渐变表现时，油性马克笔和酒精性马克笔相对比较自然，表现出的形态光顺度较好，不会出现笔痕。

从笔的形式上看，有单头、双头马克笔，还有一次性的和可注水的马克笔。从色彩上看，马克笔分为黑灰系列和彩色系列，与水溶性彩铅一样，每种不同颜色的笔对应不同的编号，绘制者可以根据编号来找寻需要的颜色（图1-2-8）。

使用方法：马克笔的笔头有宽有窄，有粗有细，基本上有尖锋、宽锋、底面平锋等型面（图1-2-9）。其中，尖锋适合绘制细线或细部区域；宽锋与底面平锋比较适合平涂大面积区域或绘制较粗的线条。利用马克笔快干、过渡自然、透明性好的属性，结合色粉笔与高光笔能够很好地体现材料的质感，完成形态的塑造。

图1-2-6 圆珠笔

图1-2-4 彩铅

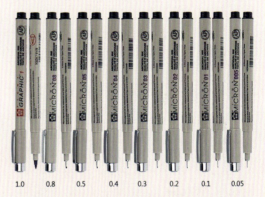

图1-2-5 不同粗细的针管笔

图1-2-7 马克笔

第 1 章
概述

图1-2-8 马克笔丰富的色彩

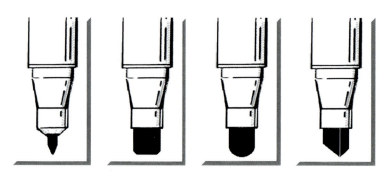

图1-2-9 马克笔的笔头

马克笔的运笔方式主要有渐变、平涂、点描。当处理曲面的过渡、背景时，多利用马克笔的轻重体现渐变的效果；当处理转折处、暗部与背景处时，多使用平涂运笔，排笔时尽量使两笔之间重合，确保笔与笔之间相互渗透；当处理圆角或形态的转折时，使用马克笔在相应位置点描，一次成型，切忌反复描摹（图1-2-10）。

图1-2-10 马克笔的运笔

对于马克笔，应注意：①购买马克笔时，应根据对应专业的颜色需要购买，且每一种色系宜按照明度关系购买三四支；②在不使用马克笔时，应将笔帽盖住，避免颜料的挥发；③尽量不要在粗糙的表面使用马克笔绘制，这样会伤及笔头。

（5）高光笔

高光笔主要在设计手绘表现后期提亮高光的时候用，熟练使用可以对表现图起到画龙点睛的作用。常使用修正笔来点高光（图1-2-11），或使用类似于图1-2-12所示的中性笔。

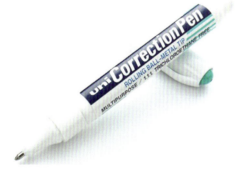

图1-2-11 高光笔（1）

图1-2-12 高光笔（2）

图1-2-13 色粉笔

图1-2-14 色粉笔的不同颜色

（6）色粉笔

色粉笔绘制快速，过渡自然，效果好，主要用于绘制大面积的平滑过渡面、柔和的反光或光晕，尤为擅长绘制各种曲面以及以曲面为主的复杂形态，对于玻璃、高反光金属等材质有很好的表现效果。常见的色粉笔是以色粉末压制成的长方体或圆柱体小棒（图1-2-13），一般从几十色到几百色不等，颜色上一般分为纯色系、冷色系和暖灰色系（图1-2-14）。

由于色粉笔的明度和纯度较低，常和马克笔、彩铅结合使用。但是，色粉笔不容易控制，容易蹭脏画面，使用时要细心。如图1-2-15所示，可用纸巾将色粉轻轻擦拭在所要表现的位置上。

常见的使用方法：利用美工刀将色粉均匀地刮下，用纸巾或化妆棉在色粉上研磨，擦拭在所要表现的位置上，在初稿定型后，使用定画液将画面喷洒一遍，起到固定的作用。若再进行描绘，需要在定画液干透后进行（图1-2-16）。

（7）水粉笔

水粉笔根据笔锋不同划分为12种型号，一般6支一套的水粉笔基本能满足使用的需求。根据笔头材质的不同，水粉笔分为羊毛水粉笔和尼龙水粉笔两种（图

图1-2-15 用纸巾轻轻擦拭

图1-2-16 色粉笔的使用

图1-2-17 水粉笔

1-2-17）。其中羊毛水粉笔以天然羊毛制成，蓄水量大，颜色饱满，常用于湿画法，但笔锋不够锐利，不适合绘制清晰的笔触；尼龙性水粉笔由人造尼龙丝制成，弹性好，笔触整洁，但蓄水量不大，使用时需根据绘制对象来选择。

（8）底纹笔

底纹笔质软，主要用于绘制大面积的色块或底色，常在色彩高光画法中绘制底色。颜色的浓淡以及涂抹的笔触方向可根据画面需要而定。由于纸的吸水性能，在涂了第一层底色后，纸面会拱起，这时应在纸面完全干透、平整后再涂第二层颜色，以保证画面的整洁。

1.2.3 其他辅助工具

为了提升视觉表现，常使用尺规类工具，包括尺子和圆规两大类，主要有界尺、三角板、丁字尺、直尺、蛇形尺、图板。此外，经常使用的辅助材料还有美工刀、画刀、电吹风、吸水纸、夹子、橡皮、塑料盒、遮盖膜、胶带纸等（图1-2-18）。

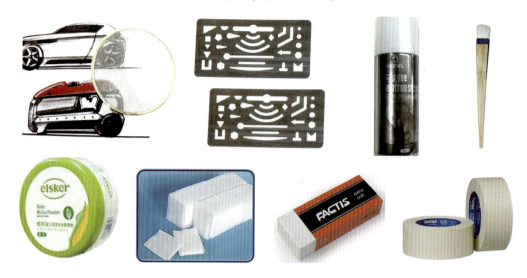

图1-2-18 其他辅助工具

（1）蛇形尺

蛇形尺（图1-2-19）方便灵活，常用于绘制自由度较高的曲线。在绘制曲线时，首先将蛇形尺弯曲顺畅，检查是否有小的凹凸，然后一边用手均匀按住，以防止其变形，另一只手完成对线条的绘制。

图1-2-19 蛇形尺

（2）图板

主要用于精细绘图或机械制图，常见的有曲线板和椭圆板。如图1-2-20所示为曲线板，用笔沿其边线可勾画出所需形状。

图1-2-20 曲线板　　　　　　　　图1-2-21 胶带纸

（3）胶带纸

在使用胶带纸时，可利用它的黏合性，将绘图纸固定在画板上，或将胶带纸附着在纸面上，绘制时起到遮蔽作用（图1-2-21）。

1.3　产品设计手绘表现的步骤

1.3.1　线稿

在设计手绘线稿阶段，要用线条准确表达形态的轮廓、空间感与质感等，用线要简洁干净，不要有太多的重复用笔。线的形态不同会给人以不同的感觉，设计者可根据线的深浅、长短、曲直、粗细、虚实、疏密、刚柔等变化来表现不同的效果。不同的部位要用不同形式的线条来处理，如轮廓线及重点要强调的部位要用粗线（图1-3-1）。

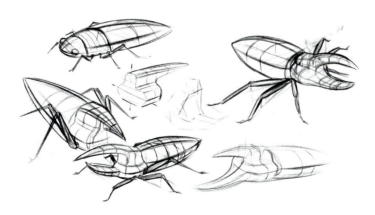

图1-3-1 线稿

1.3.2 着色

在绘制完成的线稿的基础上着色，一般以简单明快的淡色来表现一定的色彩关系。着色的目的主要是铺设产品的颜色基调，不必将颜色完全涂满，也应避免反复涂抹而导致纸面混乱、色彩浑浊。在着色时要注意以下四点。

（1）色彩的对比与统一

在进行着色绘制时，一般只选择固有色彩作明度的高低变化，同时从色彩的纯度对比、色相对比、明度对比三个维度处理颜色之间的关系（图1-3-2）。

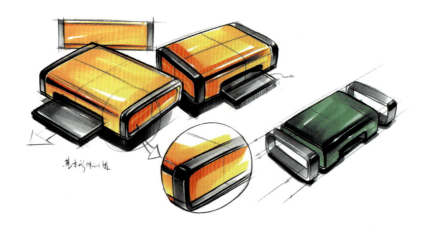

图1-3-2 色彩的对比与统一

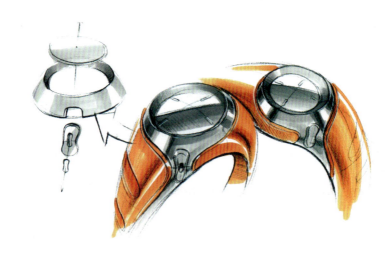

图1-3-3 色彩的省略

（2）色彩的省略

省略手法主要运用在色彩的虚实对比中，采用色彩纯度高、色相明确的色彩，自然过渡，使画面效果有虚有实（图1-3-3）。

（3）色彩的互补

巧妙利用色彩的互补衬托，可使画面达到突出主题的目的。如图1-3-4所示，在表现玻璃效果时可通过背景色来烘托，使画面达到晶莹剔透的气氛。在运用色彩互补关系对画面进行着色时，应考虑色彩的明暗对比关系以及整体效果，否则会失去画面的整体感。

图1-3-4 色彩的互补

（4）色彩的明暗

效果图画面常见的四种调子是高光、亮部、暗部、投影。在进行快速表现时可省去高光，仅使用亮部、暗部及投影的表现手法。各面的明暗差越强，其立体感也就越强。强化明暗能表现效果图中产品轮廓线以及阴影的调子，最大限度地突出产品。点缀的反光可以使画面变化更加丰富（图1-3-5）。

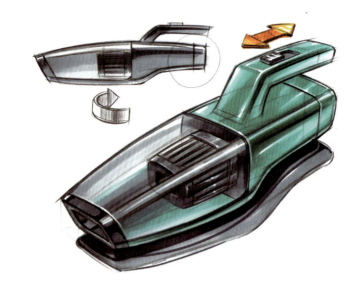

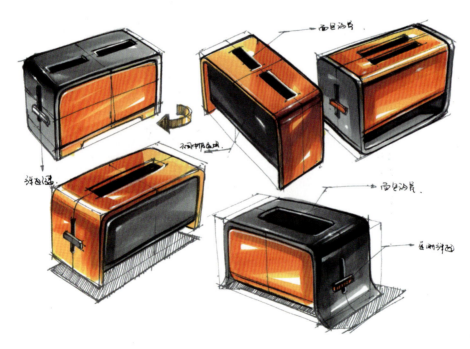

图1-3-5 色彩的明暗

因此在着色阶段，学会控制色彩的明暗关系对于塑造形体的立体感变得尤为重要。在实际的生活中，可以通过多观察周边的用品在自然环境下的明暗关系，并对比绘制完成的效果图，以提升自己对色彩明暗关系的把控能力。

第 2 章

产品设计手绘的基础练习

2.1 手绘线条表现

线条本身并不存在。在现实的生活中，我们通过光感知周边世界的存在。物体与背景之间产生了空间的分界，物体自身的组件之间、转折面之间也产生了明暗分界。这些分界线就是我们平时常说的"线"。

"线"在几何学中只具有位置、长度、方向的变化，并不具备宽度和厚度的属性。我们把线作为表现三维空间的一个手段，塑造形体结构的一个载体，构建设计的一个道具。

在产品设计手绘表现中，线条是形体塑造的基本元素，线条存在的主要意义在于通过正确的透视规律塑造三维形体。线条是进行产品设计手绘的基础元素，也是产品设计塑造形态的关键，掌握好线条的绘制有利于更快捷地表达设计创新思维。

如图2-1-1所示，产品形态中的线条类型可以分为四大类：轮廓线、分型线、结构线、剖面线。

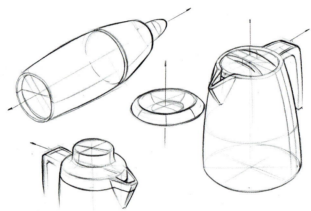

图2-1-1 产品形态中的线条类型

（1）轮廓线

轮廓线指因形体之间存在前后空间关系，而使物体与背景之间产生的空间分界线。轮廓线的构成分为整体轮廓线（由产品整体形态与背景之间形成的）与局部轮廓线（由产品本身结构存在前后关系而形成的）。轮廓线随着透视角度的不同而产生相应的变化。

（2）分型线

分型线是指因工业产品生产部件的需要，不同部件、不同材质之间相拼接而产生的缝隙线。其分界线存在于真实的产品形态表面，随着观看角度的不同会发生变化。一般情况下，刻画产品时，会着重刻画分型线。

（3）结构线

结构线是指工业产品在面与面之间的转折处、形态变化处的分界线。这种转折与形态变化在产品表面形成虚拟线条,这是决定产品形态的骨架。

(4)剖面线

剖面线是为了更好地说明产品的结构与形态,假想将物体切开后而形成的断面线,用以辅助说明物体形态。

剖面线本身在物体表面并不存在,是为了表现产品的形态而绘制的特殊线条。在产品绘制的前期,产品的形态、结构等特征都是由曲线来表现的,其中单纯的轮廓线、分型线与结构线的使用很难准确表达变化丰富的造型,这时我们需要一些辅助线条来补充说明设计对象的体面关系。

每种线条表达的形体及其意义不一样,轻重强弱也相应地不同,一般各种线条由重到轻有如下关系:轮廓线 > 分型线 > 结构线 > 剖面线。每一种线条的具体作用如下:

轮廓线:表现产品的整体形态。

分型线:表现产品的结构件组成。

结构线:表现各个部分各自的结构。

剖面线:表现结构的具体形态。

在产品设计手绘表现中,作为形体塑造的基本元素,线条可以归纳为直线与曲线两种,直线与曲线是表现产品造型的基础,对于快速表现产品手绘尤为重要。

2.1.1 直线的表现

直线是产品手绘中最常见的线条之一,用于概括产品的整体形态,依据作用不同,大致可分为中间重两端轻、起点重及轻重较平均三种类型。

(1)中间重两端轻的直线

该类线条多用于产品基本结构与透视关系的绘制,是起稿阶段的常用线条。绘制该类线条时,需先定出直线上两个端点,然后手臂用力,手肘与手腕同步摆动带动笔尖在两点之间做直线运动,确保笔尖准确地通过两个端点(图2-1-2)。

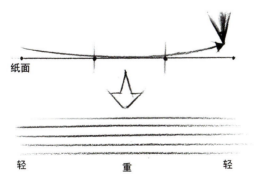

图2-1-2 中间重两端轻的直线绘制方法

（2）起点重的直线

与中间重两端轻的直线相比，起点重的直线更易于控制线条的位置与轻重变化，是用于强调产品形态转折、结构变化常用的线条。绘制这类线条同样需要先确定两端点，再将笔尖置于起点，利用胳膊带动手肘手腕滑至终点，近终点处时笔尖迅速离开纸面（图2-1-3）。

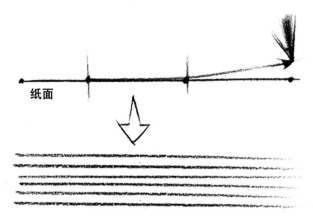

图2-1-3 起点重的直线绘制方法

（3）轻重较平均的直线

相对于前面介绍的两种直线，轻重较平均的直线更便于控制线条的长度及粗细变化，适合产品投影线或暗部排线的绘制（图2-1-4）。

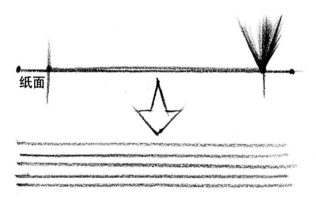

图2-1-4 轻重较平均的直线绘制方法

2.1.2 曲线的表现

曲线是工业产品设计中普遍使用的形态元素。在进行手绘表现时，按照其规律性与画法来分类，大致可以分为随机曲线、抛物线、圆与椭圆四种。

(1) 随机曲线

随机曲线常用的训练方法有3点曲线练习与4点曲线练习，即可以在纸面上定出3点或4点，悬空并移动手臂以带动笔尖通过各个节点，确定笔尖基本通过节点后，保持住手臂的"惯性记忆"，再将笔尖迅速接触纸面完成线条的绘制（图2-1-5）。

图2-1-5 随机曲线

(2) 抛物线

半圆形为抛物线的一个特殊形式。抛物线多为3点曲线且呈对称状态，而在空间中往往因透视变化呈现出非对称状态，在绘图时要注意其透视变化规律。其训练方法与随机曲线相同，在纸面上定出抛物线的3个节点，悬空并移动手臂，确定笔尖通过各个节点后，将笔尖迅速接触纸面完成线条的绘制（图2-1-6）。

图2-1-6 抛物线

(3) 圆

与随机性曲线和抛物线相比，圆更具有规律性，绘制的难度也较大，需要在一开始做大量的练习来熟练掌握。在绘制时，需要整个手臂带动笔尖在纸面上做圆形运动，在确定运动整体轨迹后，保持手臂的"惯性记忆"，落笔完成圆形的绘制。如图2-1-7所示，练习圆形的绘制时可以先画出正方形作为参考。

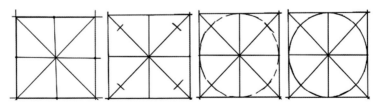

图2-1-7 圆形的绘制

（4）椭圆

椭圆的训练与正圆的训练有所不同。椭圆因角度的变化而产生透视感，在空间中会产生近大远小、近宽远窄的透视感觉。椭圆的出现有两种情况，一是正圆发生透视变化后形成变形，二是圆本身对称轴长度不等而形成椭圆形态，因此除了要遵循圆的训练方法以外，还要注意椭圆在空间中的透视变化。常见的绘制方法有定切点、定中轴。

首先绘制几条呈消失状的线段，沿着线段的中间部分由近及远地画椭圆。排列椭圆时要注意圆与圆之间的透视关系，有时为了更明确地表现这种关系，可以在上面加一些辅助的消失线来体现椭圆与椭圆之间的变化关系。图2-1-8所示依次为消失线、渐变椭圆、透视椭圆、排列椭圆。

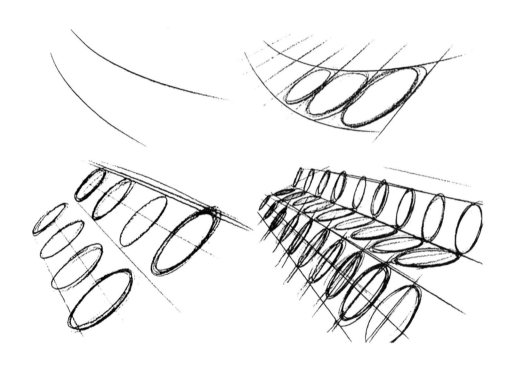

图2-1-8 消失线、渐变椭圆、透视椭圆、排列椭圆

圆套圆在产品设计和产品结构中广泛存在，处理得好能给人以层次丰富的感受。如图2-1-9所示，在平时临摹时可以多观察照相机、摄像头、手表、电风扇、灯具等产品的外造型设计。

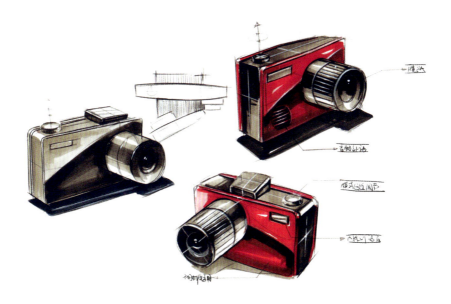

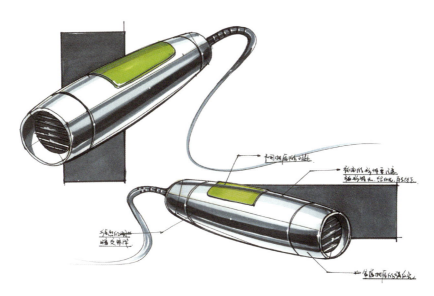

图2-1-9 圆套圆在产品设计中的应用

2.2 手绘透视表现

透视一词来自拉丁文"perspicere",意为"透而视之",含义就是通过透明平面(透视学中称为"画面",是透视图形产生的平面)观察,研究透视图图形的发生原理、变化规律和画法，最终使三维景物的立体空间形状落实在二维平面上。

2.2.1 平行透视法

当物体的某一基准面与画面平行时形成的透视关系为一点透视，也称为平行透视。其特征为：与图面平行的线长度比例不变，只发生近大远小的变化，而与图面垂直的线则发生纵深透视变形并向灭点消失，如图2-2-1所示。

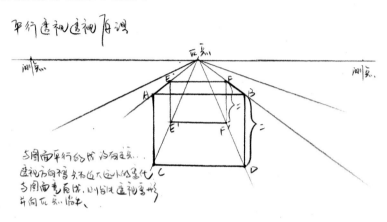

图2-2-1 平行透视法

（1）平行透视的作图方法

一般在创意思维的表现阶段，我们的构思稍纵即逝，不允许我们将过多的精力放在绘制辅助线、投影线等细节处，因此需要一种快速呈现产品透视效果的方法（图2-2-2）。

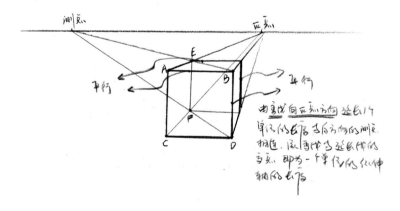

图2-2-2 平行透视的作图方法

具体步骤如下：

① 首先在纸面上绘制出视平线，然后定出灭点、测点及基准面；

② 以基准面尺寸为参照，从变线（与画面不平行，发生纵深透视变形的直线）的端点A往灭点（VP）方向水平取单位1得到点B；

③ 将点B与反方向测点M1相连，连线与变线的交点B1为所求的点，即线AB1为发生透视变形后的单位1；

④ 确定点B1后，将整体形体补全，即可得到平行透视的立方体（图2-2-3）。

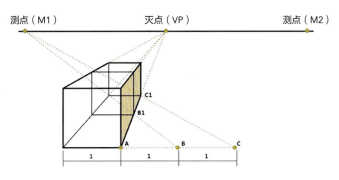

图2-2-3 平行透视的画法

（2）平行透视的记忆练习

平行透视是绘制其他体块的基础，需要大量的基础练习。在将不同角度、不同比例的平行透视变化规律深刻掌握之后，才能合理应对产品造型中纷繁复杂的体块结构。

如图2-2-4所示，在平时的记忆练习中，可以将灭点（VP）定位于纸面的中心，消失点放置在纸面的两端，确定好一个单体基准平面的长宽比例后，补全透视产生的变线，再将纸面上其余各个空间位置物体绘制完。

图2-2-4 平行透视的记忆练习

（3）平行透视的应用

如图2-2-5所示，平行透视是绘制产品的基础，相对容易把握，恰当地选取角度能体现出产品较好的视觉冲击力。

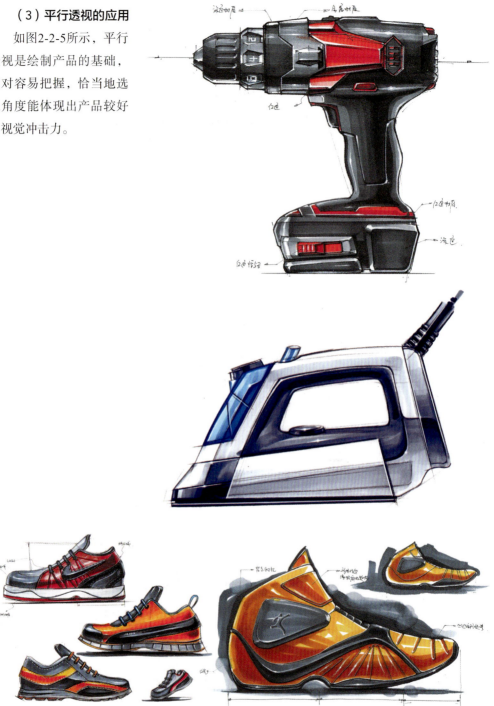

图2-2-5 平行透视的应用

2.2.2 45度透视法

随着要表现的产品细节的深入,我们往往希望在某一视角下看到更多的产品细节,一点透视(平行透视)已不能满足需求,这时就要借助两点透视进行设计表现。

当物体无基准面与图面平行,且成一定的角度时形成的透视关系为两点透视,也称成角透视。其特征为:垂直线条只发生近大远小的透视变化,其他线条则成为变线,并向左右两边的灭点消失。这里要注意,当物体基准面与图面成45度夹角时称为45度透视,下文中以此为例进行讲解。

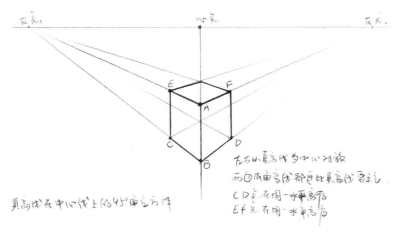

图2-2-6 45度透视法

(1) 45度透视的作图方法

具体步骤如下:

① 在绘制的过程中,先绘制出心点、灭点及真高线;

② 以真高线尺寸为参照,从变线的端点A往心点(CV)方向水平取真高线2/3长度得到点B;

③ 将点B与心点(CV)相连,连线与变线的交点B1为所求的点,即线AB1为发生透视变形后的单位1;

④ 确定点B1后,将整体形体补全,即可得到45度透视的立方体(图2-2-7)。

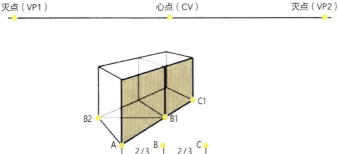

图2-2-7 45度透视的作图方法

（2）45度透视的记忆练习

45度透视的绘制方法与平行透视类似，在纸面上，首先将心点定于中间位置，灭点定在纸面的两端，自行设定真高线单位长度后，将一个单体参照上述方法描绘完成后，补全纸面各个位置的物体。

（3）45度透视的应用

如图2-2-8所示，两点透视能够传达出更为丰富的产品结构信息（如不同角度按键、分型线及其比例关系）。在绘制时，应着重将设计信息较多的面露出，作为整个画面的主体。

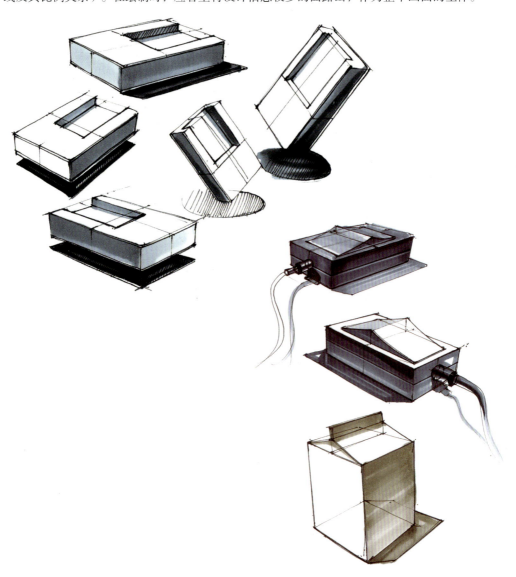

图2-2-8 45度透视的应用

2.3 手绘质感表现

物体的形态是由不同材料构成的，表现产品离不开对材料质感的描绘。不同质感可以营造出不同的产品风格特征，给人以不同的感受。仔细观察我们周边的产品，不难发现有光亮、粗糙、沉重、轻盈、透明等不同材料特征，相应地给我们以不同的主观感受。细细分析，我们可以将材料质感的形成归因于：①材料对光线的吸收与反射程度不同；②材料本身的组织结构肌理不同。

根据以上两点，可大致将物体分为以下四类：
① 透光不反光，如一些网状的编织物；
② 透光并反光，如玻璃、透明塑料、水晶等；
③ 不透光而反光，如大理石、瓷器、金属、电镀材料、光泽塑料等；
④ 不透光也不反光，如砖、木材、亚光塑料、密编织物、亚光皮革等。

产品表现图的宗旨在于表达设计的意念，带动观者的想象力。材料质感的表现不同于绘画，只要能达到显现质感的效果即可。

2.3.1 金属质感表现

金属是高光亮材料，光影醒目，反光明显，明暗变化大，主要包括亚光金属、电镀金属两个种类。在质感表现时，总体上可将明暗对比适当加强，最亮的高光可用纯白或留白，最暗的明暗交界线可用纯黑。

亚光金属相对而言明暗反差大一些，基本上不反射外界景物。

电镀金属基本上完全反射外界景物，反射物象随着物体形态的变化而发生变化，最亮的部分和最暗的往往是连在一起的，如图2-3-1所示。

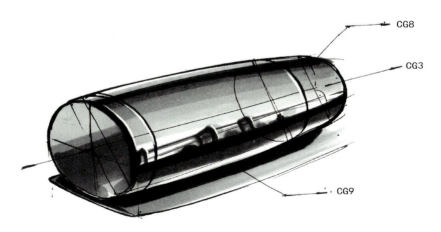

图2-3-1 金属质感表现

2.3.2 木材质感表现

木制品的绘制主要注意表现出木纹的肌理，其表面不反光，高光弱。绘制时一般先用马克笔平涂，画出同一色系的木质本色；再利用马克笔画或快干燥的马克笔拉出木纹线（快干燥的马克笔较好控制，不易产生晕染效果）；最后运用黑笔适度加强纹理，或稍点亮高光（此步骤依据产品表现需要而增删），如图2-3-2所示。

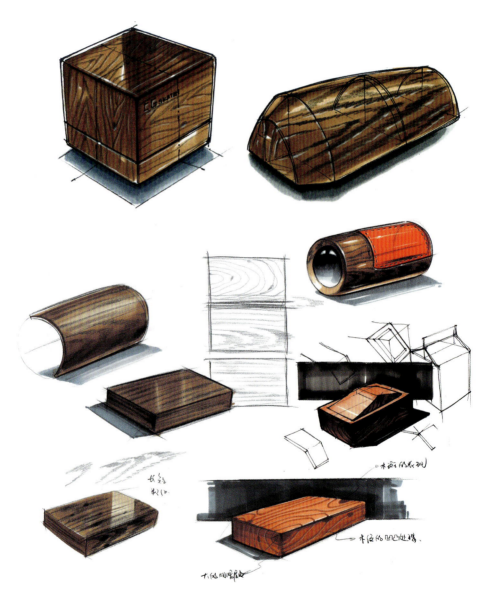

图2-3-2 木材质感表现／刘培刚

2.3.3 塑料质感表现

产品设计中最为常用的材质就是塑料，塑料分为光泽塑料与亚光塑料。光泽塑料：反光明显，高光强烈，在色彩的变化上应尽量消除笔触以做到过渡自然。亚光塑料：明暗对比较弱，高光少，过渡均匀，以原产品固有色为主，如图2-3-3所示。

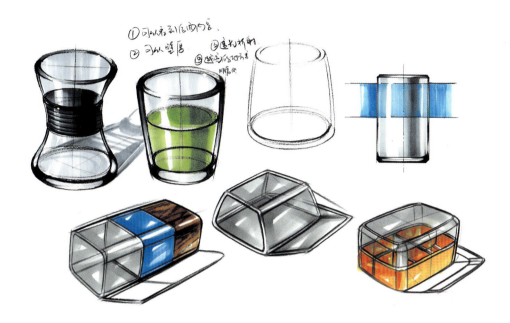

图2-3-3 塑料质感表现／刘培刚

2.3.4 综合质感表现

这一类质感表现是综合金属、木材、塑料乃至皮革纺织物等材料的绘制，如图2-3-4、图2-3-5所示。对于木材，主要表现木材的肌理及反光度，从而带动观者的想象力；对于金属，要适当加大其颜色的对比、反差及环境影响。

图2-3-4 综合质感表现（1）

图2-3-5 综合质感表现(2)

第 3 章

产品设计手绘表现的种类、方法及应用

3.1 产品设计手绘表现的种类

产品设计手绘是将设计师的想法从抽象表现到具象表现的过程，是产品设计阶段十分重要的环节，一般来说是设计的起始阶段，需要设计人员对设计的对象进行仔细推敲，进而展开模型设计、结构开发等后续设计阶段。巧妙的构思稍纵即逝，优秀的设计师需要十分快速准确地将构思进行图面化表达。同时，手绘图中往往会出现文字的标示、颜色的选择、尺寸的标注、结构的展示，等等。

设计师将设计方案视觉化呈现最为直接的途径就是绘制草图。在前期阶段绘制草图略显简单，只需快速地构建起产品的形状，同时也可以稍加入黑白灰的明暗关系与阴影。这类设计手绘初期的构思草图整合了透视的基本法则、三维模型的构建技巧以及基本光影关系。当有一些重要想法结合在一起，产生重要概念的时候，设计师就要进行下一步，即融入材料的表现、外形的深入、功能的赋予，从而形成一个稍完整的方案——概略草图。随着颜色与材料质感表现的深入，绘制的产品手绘会形成更为深入与精细的效果图。在这个阶段，创意、概念、细节均应表现在图面上。

3.1.1 构思草图

在创意的初始阶段，核心目标是分析现有的设计问题，将问题转化为更多的设计想法。构思草图需要极力挖掘创意，找寻出尽可能多的创意想法进行拓展和延伸，不要担心天马行空，可以将之看作是把自己从棘手的设计问题之中解脱出来，因此此阶段的设计以示意为主，细节部分可以适当减少，这时使用彩铅更易出效果，便于着手工作。图3-1-1、图3-1-2所示为使用彩铅简洁明了而快速地描绘设计产品的造型方案。

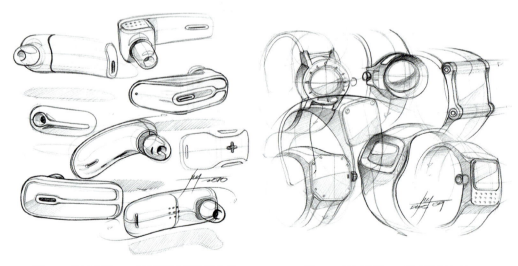

图3-1-1 构思草图——蓝牙耳机产品造型表现　　　图3-1-2 构思草图——腕表造型表现

3.1.2 概略草图

在完成前期创意生成阶段的构思草图之后，为了更好地理解问题的需求，需要一个整体深入的设计方案表现——概略草图。在概略草图阶段，需要体现产品造型的大致尺寸、形状以及选用材料等信息，同时为了后期方案的可选择性，在该阶段一般绘制一种以上方案。概略草图的方案一般使用两点透视，细节详尽度上应保持一致。不同于构思草图阶段重在发掘构思及想法，概略草图需要增添更多的细节，并标注产品的材质、颜色、结构、人体工程学示意和功能等，将头脑中的概念全然展现在画面中。如图3-1-3~图3-1-5所示，概略草图表现了产品的整体造型、材质，突出了产品的功能特征。

图3-1-3 概略草图——家居设计／刘培刚

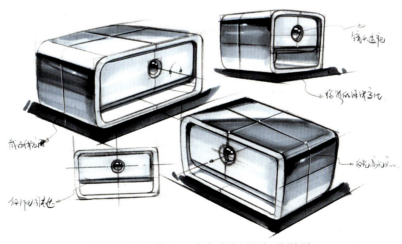

图3-1-4 概略草图——摄像头造型设计／刘培刚

图3-1-5 概略草图——头盔造型设计／刘培刚

3.1.3 效果图

现在阶段的设计方案总体上已经明确了，有了大体的设计方向，在此基础上需要展示各个组成部分的连接关系、结构变化、材质、尺寸规格乃至活动部件。总体而言，效果图需要在概略草图的基础上进一步细化，其中可以大胆使用不同的透视角度，以体现后期制作、装配时的产品构造。图3-1-6~图3-1-12详细描绘工业产品的组成部分，突出了产品的构造。当然，这个阶段也可以借助计算机辅助进行设计表现（图3-1-13）。

图3-1-6 MINI汽车效果图／熊艳菲

图3-1-7 Lamborghini汽车效果图

图3-1-8 单镜头反光相机效果图（1）

图3-1-9 单镜头反光相机效果图（2）

图3-1-10 TISSOT手表效果图

图3-1-11 LEXUS汽车效果图

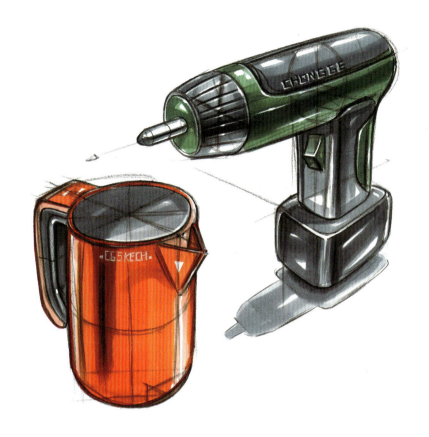

图3-1-12 手钻、水杯效果图／刘培刚

图3-1-13 利用计算机辅助绘制AUDI汽车效果图

3.2 产品设计手绘表现的方法及步骤

3.2.1 淡彩画法

淡彩画法通常是在线描草图的基础上,概括表现产品的色彩倾向和色彩关系。其特点是能将产品的形态和色彩快速地表现出来,简洁、明快,富有表现力。所用的工具主要有彩色铅笔、马克笔、色粉等。绘制淡彩效果图因采用的材料和工具不同,步骤略有不同。

(1)彩色铅笔淡彩

彩色铅笔有利于对线条的把握,如图3-2-1所示,可以表现细腻的产品亮面或反光效果,也适合表现织物、皮革等较软的材料质感。

1)彩色铅笔淡彩画法的主要步骤

① 依据素描中的造型与光影规律,绘制出产品的整体轮廓。

② 使用彩色铅笔强化每个面的固有色,突出色彩的渐变效果。

③ 用黑色的彩色铅笔,在明暗交界处加重处理,突出体块转折的光影变化。

④ 关键位置提亮:利用白色的彩色铅笔,在高光处点画,将形体塑造得更为饱满,如图3-2-3所示。

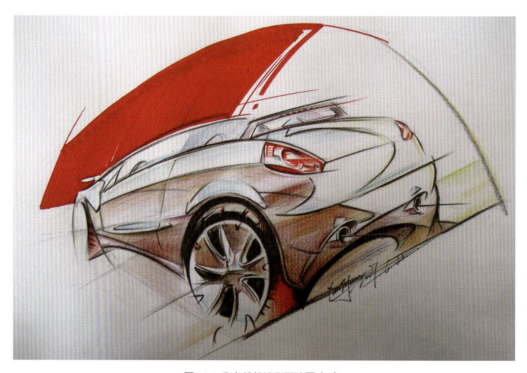

图3-2-1 彩色铅笔淡彩画法图(1)

2）注意事项

① 遵循透视原理，基础线条绘制要准确。

② 用笔流畅轻松，线条排列整齐，可以适当加大色彩的明暗与冷暖的对比，如图3-2-2所示。

③ 在暗部添加一些较明快的颜色，使画面更清新；受光面色彩可以夸张，但不要过于浓重。

④ 在绘制时，不要使用彩色铅笔反复平涂表现对象的某一区域，最后可用高光笔提亮，如图3-2-3所示。

图3-2-2 彩色铅笔淡彩画法图（2）

图3-2-3 彩色铅笔淡彩画法图（3）（高光提亮后效果）

（2）马克笔淡彩

马克笔淡彩实际上是一种透明水彩，具有淡雅、明快的特征，用来表现产品效果图较为方便快速，适合快速表现一些质感较强的材料，如塑料、金属、瓷器等。

1）马克笔淡彩画法的主要步骤

① 用中性笔（0.3～0.5mm）或彩色铅笔画出产品的结构线，尽可能将结构线绘制准确、清晰。

② 根据产品的光影与形状，使用宽头马克笔画出色彩的虚实和渐变，注意加深明暗交界，如图3-2-4所示的形体渐变效果。

③ 将产品主体用遮挡膜遮盖，用透明水色或宽头马克笔画出产品背景底纹，疏密结合，以增强画面的动感，如图3-2-5背景所示。

④ 刻画产品的细节，例如分型线、结构转折、操作按键、功能配件与插孔等。要注意局部与整体的协调，以避免画面的杂乱，如图3-2-6所示的工程车细部。

⑤ 最后，用白色彩铅画出高光，加强产品结构转折的受光面与背光面，表现出结构的体积感。如图3-3-7汽车表面的光影变化所示。

图3-2-4 马克笔绘制的形体渐变效果

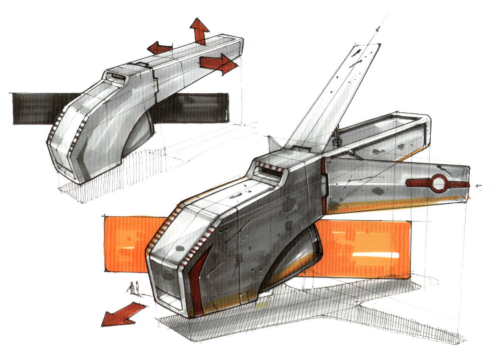

图3-2-5 马克笔淡彩画法图(1)

图3-2-6 马克笔淡彩画法图(2)

图3-2-7 马克笔淡彩画法图（3）

2）注意事项

① 切忌反复平涂，这样会使得颜色陈旧。

② 在遇到多次上色的情况时，在前一遍颜色完全干透后，再进行后面的绘制。

③ 忌用对比色交叉在一起画图，容易使画面显得较"脏"。

④ 表达一个平面时可借助"之"字线粗细渐变，使画面表达更为灵活。

⑤ 忌使用十字交叉线。

（3）色粉笔淡彩

色粉笔的主要特点是可以绘制出大面积十分平滑的过渡面，特别适合绘制各种以曲面为主的复杂形体，在质感刻画方面，对于玻璃、高反光金属等的质感有着很强的表现力，整体色彩优雅生动，过渡柔和。

1）色粉笔淡彩画法的主要步骤

① 使用铅笔或绘图笔画产品轮廓草图，再拷贝到正式图纸上去。拷贝时可以根据产品的颜色选用相应的有色笔绘制。

② 用小刀将所选色粉笔刮成粉末状备用。

③ 使用棉签或棉球蘸取色粉,在纸面上进行擦拭,通过手纵向的按压和横向的摆动来控制色彩的过渡与渐变效果(图3-2-8)。

④ 使用马克笔处理较为细致的颜色变化,如明暗交界面处,同时可以配合白色彩铅点画出产品的高光和反光,如图3-2-9所示的用马克笔与彩色铅笔表现产品细部。

图3-2-8 色粉笔淡彩画法图(1)

图3-2-9 色粉笔淡彩画法图(2)

2)注意事项

① 在色粉笔淡彩画法中,色粉适用于绘制大范围的曲面,在细节处或色粉表现深度不够的情况下,还要借助马克笔、水彩或彩色铅笔等工具进行表达,注意工具使用的先后顺序。

② 擦拭产品之前,在色粉中略微加一些爽身粉,会使绘制的曲面更为细腻、柔和。

3.2.2 底色画法

采用现成色纸或在自行涂刷颜色的纸上,利用底色作为要表现的产品的某个面(亮面或次亮面)的色彩,以大面积的底色为基调色进行描绘,会使画面简洁、协调,富有表现力。在实际表现中,主要选用产品的色彩或明暗关系中的中间色作为底色基调,加重暗部、提亮亮部进行表现,整体效果如图3-2-10~图3-2-12所示。

图3-2-10 底色画法图(1)

图3-2-11 底色画法图(2)

图3-2-12 底色画法图（3）

3.2.3 高光画法

高光画法是在继承底色画法的基础上发展起来的一种新的画法，主要运用浅色铅笔、色粉与水粉进行描绘。一般在黑色或深色颜色的纸面上，描绘产品的主体轮廓，再利用反射光或转折处的高光来体现产品的造型（图3-2-13）。在绘制时，要高度概括形体的明暗关系，忽略其颜色上的表现（图3-2-14）。

图3-2-13 高光画法图（1）

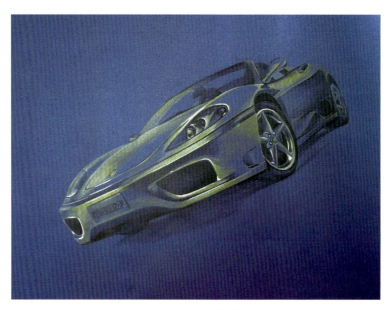

图3-2-14 高光画法图(2)

3.2.4 渐层画法

渐层画法也是一种高度概括表现产品效果图的方法,主要运用透明水色和水彩等颜料,将渐变的色彩与产品巧妙融合。具体做法是,先将绘制好的轮廓线拓在纸面上,再在纸面上涂刷底色,要注意色彩色泽深浅的渐层变化,以此间接地显示出立体感(图3-2-15、图3-2-16)。

用渐层画法作图清新活泼,可快速表现形体的明暗变化,但要在刷底色时把握好色彩的明暗渐变关系,一般绘制时要经过如下五个步骤:裱纸—拓图—刷底—细部及轮廓勾画—高光。

图3-2-15 渐层画法图(1)

图3-2-16 渐层画法图（2）

3.2.5 水粉画法

水粉颜料色泽鲜艳、浑厚、不透明，具有良好的覆盖力，比较容易掌握。其表现力强，能将产品的造型特征精致而准确地表现出来，常用于绘制较精细的效果图（图3-2-17）。

图3-2-17 水粉画法图（1）

水粉画法主要采用水粉颜料、羊毫扁平水粉笔以及圆笔来画。扁平水粉笔可备四五支不同规格的，圆笔可选用大白云、小白云来绘制产品细部。在面对如图3-2-18所示的大面积背景时，可使用板刷进行大面的涂刷。合理利用水粉画法可以表现产品细节部分（图3-2-19、图3-2-20）。

图3-2-18 水粉画法图（2）

图3-2-19 水粉画法图（3）

图3-2-20 水粉画法图（4）

水粉画法的大致步骤：先将画纸裱在画板上；然后直接用笔在画纸上起稿或过稿，由于水粉颜料具有良好的覆盖力，着色的步骤较为灵活，既可以从中间调子入手，再画暗部和亮部，也可以先画暗部，再逐渐画中间调子和亮部，一般先画大面积的部分，再画局部和细节，注意整体关系；最后提反光和高光。

3.2.6 综合画法

在实际绘制表现过程中，一张设计表现图上常常是综合采用多种画法进行绘制的，所采用的工具和材料也多种多样。综合画法不讲究具体的步骤和方法，大的原则也是先画大的关系，再画局部和细节，要注意整体关系，例如马克笔与色粉综合画法。

马克笔与色粉是现代设计常用的工具，易携带，具有很强的表现力。马克笔干净、透明、简洁、明快，但马克笔在面对大面积的色块或需过渡自然的区域时略显不足，而色粉更为细腻，表现过渡更为自然，对反光、透明体的表现简单有效，适于表现较大面积的过渡，同时色粉笔的色彩明度和纯度较低，在细节表现时常捉襟见肘。

因此，将马克笔与色粉二者巧妙地结合起来使用，实现优势互补，是当前设计表现中常用的技法之一，具体效果如图3-2-21、图3-2-22所示。

图3-2-21 马克笔与色粉综合画法图（1）

图3-2-22 马克笔与色粉综合画法图（2）

如图3-2-23所示，马克笔与水彩综合的画法也是较为不错的手绘表现方式。

图3-2-23 马克笔与水彩综合画法图

图3-2-24 综合画法图（1）　　　　　　　　图3-2-25 综合画法图（2）

在实际绘制时，练习者可以依据表现需要自由选择绘制工具，以表现出更为细腻的整体效果（图3-2-24~图3-2-26）。

图3-2-26 综合画法图（3）

3.3 产品设计手绘表现的应用

3.3.1 产品设计过程阶段的应用

产品设计手绘表现在产品设计过程中，按观察者与产品的空间纵深关系，大体可以分为远距离、中距离、近距离三种。

（1）远距离设计——整体

远距离的设计只需要展现造型的大体姿态或者强调的部分，不需要太在意细节，这里的表达部分主要是为了展现模型的基本形态。

这一阶段的表现目标是建立立体的形体。从远距离很难了解产品细部的轮廓与图样，因此这种远距离突出整体的设计稿应强调轮廓、整体姿态、亮度对比或被强调的部分。若在远距离绘制图的基础上需要观看某一局部区域的特定细节，可以另加指引性图。

如图3-3-1所示，这是一个展现车身的典型范例（为了方便省略了车窗部分的表现）。这辆车的风格特征被简化的草图快速、清晰地表达出来。远距离手绘表现能使设计者的注意力不过多地放在细节上，而着重产品的设计风格和整体形态的表现。

图3-3-1 远距离手绘表现／刘培刚

（2）中距离设计——立体与面的构成

中距离的设计图稿一般能反映出产品的特征线条，表现出其质感与动感，带有一定透视角度的图最适合实现这个目标。其中可以稍使用夸张的手法,借助明暗对比变化表现设计师的设计意图(图3-3-2、图3-3-3)。

图3-3-2 中距离手绘表现(1)

图3-3-3 中距离手绘表现(2)/刘培刚

注意事项:中距离设计图稿应表现大概的外观结构、特征线条、产品的对称性、质感及动感。运用适当的夸张画法可以使设计意图更明确。画时不必太在意细节,要注重明暗渐层的绘制手法。

(3)近距离设计——表现出物体的本质

近距离的设计图稿所绘制的物体角度常常较为夸张,以此来表现产品表面的线条、配色、质感等比较强烈的细部结构。一般此透视角度下的产品绘制图也是设计者精心设计的，多利用产品结构的细部来展现造型魅力，使其呈现最佳的表现效果（图3-3-4）。

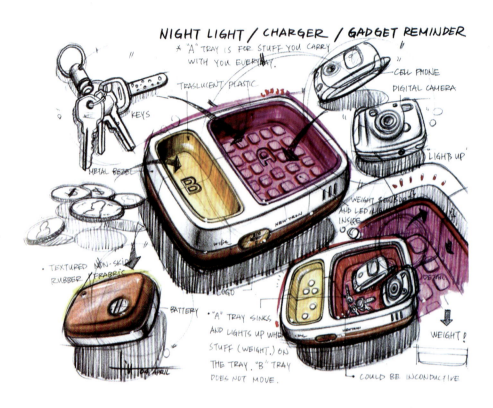

图3-3-4 近距离手绘表现

图3-3-5~图3-3-11所示为近距离设计范例，集中展现出了如何精细地绘制出一定力量感的物体，比如要考虑不同角度的变化，注意选择最富有魅力的角度来表现产品的细部特征。

图3-3-5 近距离手绘表现案例（1）

图3-3-6 近距离手绘表现案例（2）

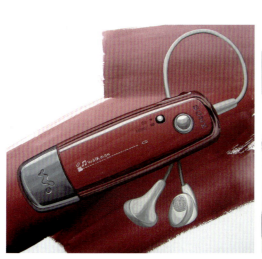

图3-3-7 近距离手绘表现案例（3）

图3-3-8 近距离手绘表现案例（4）

图3-3-9 近距离手绘表现案例（5）

图3-3-10 近距离手绘表现案例（6）

图3-3-11 近距离手绘表现案例（7）

注意事项：由远到近，设计者必须首先简略地确定物体的特征，然后再渐渐地着手细部规划。在每一个阶段及细部的规划中运用创造力达到理想的外观，最后再整合所有的设计细节。

3.3.2 创意思维表现阶段的应用

在创意思维的表现阶段,手绘表现图提供了一个关于设计过程的图样来解释问题。创意思维表现阶段从两个方面促进设计:既外向通过组织沟通来拓展设计,又内向促进设计师自身探索多样的想法。

创意思维表现阶段的手绘表现,不是设计项目中解决难题的唯一途径,但对于设计沟通及丰富设计方案至关重要。

(1)外向式构思——沟通过程

外向式构思指的是设计师提出想法,用于沟通或呈现给其他人。采用绘制草图或效果图的方式可以将创意造型快速呈现给团队,并可以随时进行修改调整(图3-3-12)。绘图可以更为快捷方便地解决特定场所中的沟通困难,与团队中成员进行分析、讨论、合作,使设计部门人员、结构工程师、市场人员畅快地沟通,进而深化设计方案(图3-3-13)。

图3-3-12 外向式构思示意图

图3-3-13 利用手绘表现进行沟通

(2)内向式构思——感知图像

设计师在创作的过程中需要不断地与自己进行沟通对话,即内向式构思,如图3-3-14所示,将原始的概念转化为构思,利用手绘将其形象化。在这一过程中,通过绘图使得思维变得清晰,使创意更具体化(图3-3-15)。

图3-3-14 内向式构思示意图

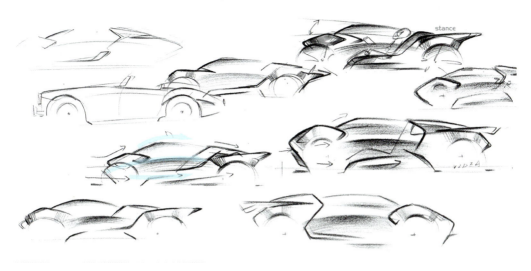

图3-3-15 内向式构思——概念车设计（1）

研究表明，人们对示意图、草图的理解与想象程度，要高于精确的照片。在创意思维表现阶段，草图是很好的灵感来源，它激发大脑继续构思细节。如图3-3-16、图3-3-17所示，在绘制过程中，物体的形状和轮廓得到了简化，与写实性的画作相比能够提供更大的想象空间，在内在想法与图纸之间不断地进行对话交流的过程中，汽车造型创意逐步图形化。

图3-3-16 内向式构思——概念车设计（2）

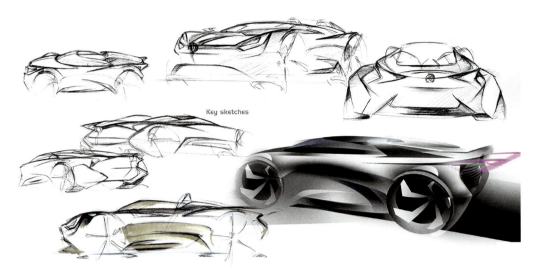

图3-3-17 内向式构思——概念车设计（3）

总之，在设计手绘表现中，利用易理解的方式简化图像，可以将原始的抽象的概念进行视觉化表现，使想法具体化，突出产品的亮点（图3-3-18）。

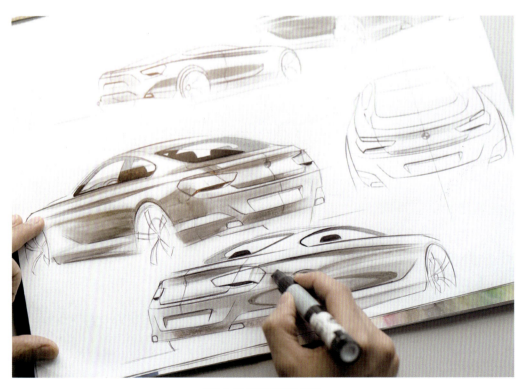

图3-3-18 手绘表现效果图

第 4 章

结合设计思维
进行产品设计
手绘表现

4.1　设计思维与手绘表现的关系

基于手绘表现的设计思维的研究起源于建筑设计领域，其本意为以草图等方式辅助、引导或激发设计师进行创造性思考。一般来说，产品创新过程包括研究与分析阶段、构思阶段、制图阶段、发展与最佳化阶段。其中前期的构思阶段是创造突破性产品最为关键、最需要创意的阶段。手绘草图又是构思阶段最为重要的创意媒介。在设计活动中，首要任务是发现和解决现有产品存在的问题。

一方面，手绘表现是发现问题的过程：利用手绘表现可以帮助设计师发现问题，将设计思维借助手绘图形进行视觉化体现，以便对产品有一个从整体到细节的把握与分析。在手绘的过程中应眼、脑与手相互配合，明确产品的材料、结构、颜色、比例尺度与人机关系，尤其是对于产品的外观造型与使用方式有清晰的反映，真正地将设计思维进行视觉化体现。

另一方面，手绘表现是解决问题的过程：利用手绘的方式可以将设计思维简单、高效、多元化地展现，寻求解决问题的途径。在手绘过程中，伴随着大量的不确定性与偶然性，设计出的图形往往也是随意的、天马行空的，但正是这样的特点使得设计人员的设计思维得到了极大的延伸与拓展，一些解决方案在不经意间的线条与图形中演变产生，富有经验的设计人员对手绘表现出的认知、思考与联想能促进设计思维的激发，更好地解决问题。

面对表现草图模糊性与复杂性的情况，通过分析优秀设计师的设计案例，草图（如结构性草图、功能性草图）之间的相互转化关系，以及手绘表现活动过程，可以总结得出设计思维与手绘表现之间的七种映射关系：横向转化、纵向转化、思维固着、单级回归、跨级回归、同级跳跃、重复描画（图4-1-1）。

横向转化、纵向转化：就设计创意中某一点进行深一层次或其他相类似方案的转化。

思维固着：设计思维在某方案中停滞或不断重复，未进入下一阶段的手绘表现。

单级回归、跨级回归：在某方案的手绘表现过程中，激发设计思维在上一级或更上一级方案中再表现。

同级跳跃：在某一初始设计引发的两个设计方案手绘表现中，激发设计思维跳转进而再表现。

重复描画：设计思维暂时受阻无法继续，追求一种正在接近的完美形体。

设计师在整个手绘表现过程中，集中思维和发散思维是交织在一起的，没有明确的先后顺序，但手绘表现草图的数量与设计创意的产生存在一定的正相关性。一般来说过于侧重表现的设计效果图往往不利于设计思维的产生，会导致方案的创新性不强。

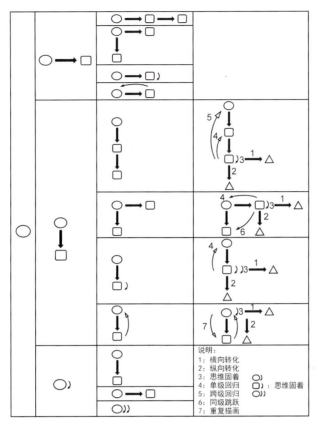

图4-1-1 设计思维与手绘表现的关系

4.2 设计思维的视觉化表现

4.2.1 故事板

故事板指一系列线性插图排列在一起,视觉化地呈现一个故事。作为一种工具,故事板起源于电影制作。Walt Disney(华特·迪士尼)工作室凭借自1920年以来使用的框架草图普及了故事板的使用。故事板让迪士尼动画制作者在实际制作电影之前就能够创造电影的世界。

作为一种设计思维展现的方法,故事板视觉化地展现用户实际的体验过程,在产品使用的特定情境下全面理解用户和产品之间的交互关系。

(1)故事板的特点

1)可视化

一图胜千言。用图片说明一个概念或想法比其他任何形式更容易帮助人们进行理解。一张图片通过添加额外的意义层面,往往比单纯的文字更有力量。

2）可记忆

故事远比平淡的事实更容易给人留下深刻的印象。

3）同理心

故事板帮助人们与故事产生关联。作为人类，我们经常对那些和我们真实生活中遭遇类似挑战的角色产生同情。当设计师绘制故事板时，他们常常将情感融入到角色当中。

（2）故事的内容构成

在绘制故事板之前，应先确保故事符合逻辑并且易于理解。通过理解故事的基本原理并将其解构为"基础模块"，即可以以更强大、更有说服力的方式呈现故事。

1）角色

角色即故事中的用户画像特征。角色的行为、期望、感受以及用户做出的任何决定都非常重要。揭示角色头脑中发生的事情对于获取成功的用户体验是必不可少的。每个故事都至少应该有一个角色。

2）场景

场景是角色居住的环境（它应该是一个包括地点和人物在内的真实世界的环境）。

3）情节

情节应该从一个特定的事件（一个触发器）开始，如果故事中提出了解决方案，就以解决方案能带来的益处结尾；如果想要使用故事板来突出显示用户面临的问题，则应以故事角色留下的问题来结尾。

4）叙述

故事板中的叙述应该关注角色试图实现的目标。在解释背景故事之前，应当避免直接解释设计细节的情况。故事应该是有条理的，并且有一个明显的开始、高潮和结尾。大多数故事都遵循一个看起来很像金字塔的叙述结构，这一结构在被Gustav Freytag（古斯塔夫·弗赖塔格）指出之后，通常被称为 Gustav Freytag 金字塔。Gustav Freytag将故事分解成五个行为：阐述、上升、高潮、回落（归纳）和结局（结论）（图4-2-1）。

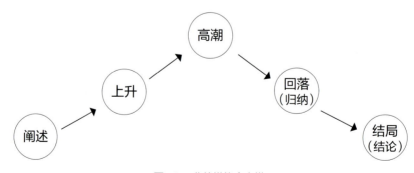

图4-2-1 弗赖塔格金字塔

（3）如何绘制故事板

1）以纯文本和箭头开始，将故事分解成一个个片段

拿起笔和纸将故事分解成一个个片段，无论是想要传递的方案优势，还是想要描述的问题，每一段内容都应提供关于现状的有效信息、角色所做的决定及其结果（图4-2-2）。

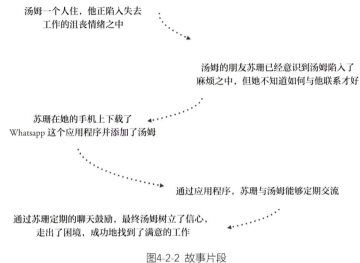

图4-2-2 故事片段

2）将情感融入到故事当中

设计人员在每一步添加表情符号，简单地表达角色的情绪状态，以便让人们感受到角色头脑中正在发生的事情（图4-2-3）。

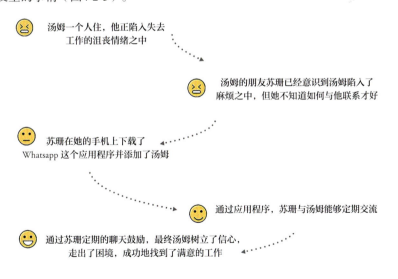

图4-2-3 将感情融入故事片段中

3）将每一个步骤的文本转换成框架

在故事板的每个框架中粗略地勾画一个缩略图来讲述这个故事。在每一时刻思考角色对此有何感受。尽可能多地使用图片来让故事更贴近生活。在每个框架的下面或背面添加备注，用以提供更多的情景信息，也可以用气泡框来呈现角色的思维活动（图4-2-4）。

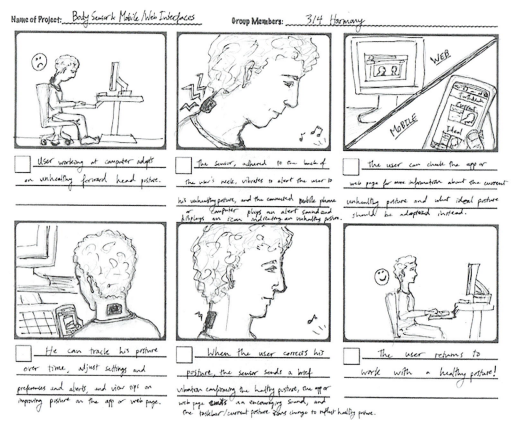

图4-2-4 将步骤文本转换成框架

4）丰富故事板细节

在故事板中适当添加颜色、箭头指示、气泡图说明等。大多数情况下，我们并没有必要使用高保真的插图。传递信息是最重要的，一个示意图即可完美实现故事板的内容，同时还能节省大量时间。当绘制好故事板后，可以将其展示给其他团队成员，以确保他们能够理解（图4-2-5）。

图4-2-5 高保真故事板框架图

4.2.2 思维导图

思维导图（Mind Map）又叫心智图，是表达发散性思维的有效的图形思维工具，它有利于人脑的扩散思维的展开。思维导图运用图文并重的技巧，把各级主题的关系用相互隶属与相关的层级图表现出来，将主题关键词与图像、颜色等建立记忆链接。

思维导图可手工绘制，也可用电脑软件绘制，常用的软件有XMind、Mindmanger等。在互联网产品设计过程中，譬如设计的前期——产品信息架构整理阶段，大多采用思维导图的方式将整体应用的功能或需求展现出来。

思维导图是拓扑树形结构的一个复杂变形，主体结构是树形结构，但是不同的思维之间还会有一些其他的关联性（图4-2-6）。

图4-2-6 利用Mindmanger绘制思维导图

例如，都市生活充满各种美好，也为人们带来了各种困扰，如让年轻的父母不断丧失陪伴孩子成长时间的问题。面对这一问题，如何利用玩具增加亲子间的互动、增进亲子之间的感情呢？从设计出发，可以利用思维导图来发现、分析这些问题，从而得到创新的关键点（图4-2-7）。

归纳完整的思维导图可作为分析问题的重要手段。通过对现有儿童玩具的缺失性分析，可为后续产品设计提供指导，比如从安全性、教育性与娱乐性着手设计，有利于提升产品的附加价值。

又如在对垃圾分类问题进行调研时，可以利用计算机软件（如Sketchboard）对垃圾分类问题进行研究与梳理（图4-2-8）。

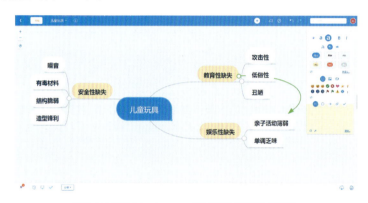

图4-2-7 利用Mindmeister绘制思维导图发现问题

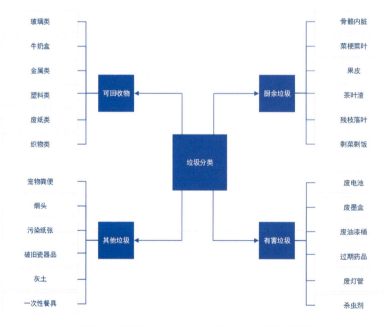

图4-2-8 利用Sketchboard软件对垃圾分类进行梳理

4.2.3 用户体验地图

用户体验地图（User Experience Map）通过可视化的方法表现出用户使用一个产品或服务的流程，其中包括用户的需求、期望、媒介与情绪的变化。它让设计人员更容易了解到产品中哪些地方做得不错，哪些地方还有创新改良的空间，因此使用用户体验地图可以改良产品的现有问题，发现新的商机，帮助团队了解项目的整体情况（图4-2-9）。

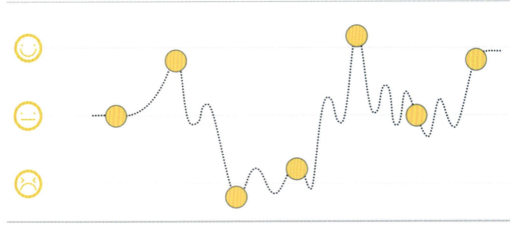

图4-2-9 用户体验地图

简单地说，用户体验地图就是记录用户在整个使用流程中的行为和情感，比如，用户做了什么？感觉怎么样？以此来发现用户在整个使用过程中的痛点和满意点，并从中提炼出产品或者服务中的改进点和机会点（图4-2-10）。

图4-2-10 用户体验地图包含内容

那么，用户体验地图该如何绘制？总体来看，可划分为归纳触点、绘制情感坐标、归类用户体验意见、绘制情感曲线这四个步骤。

（1）归纳触点

图4-2-11中给出了一些黄色圆点。这些点根据给用户布置的任务流程总结而来，我们称其为触点，即整个产品使用流程中，不同角色之间发生互动的地方。

比如，我们拿起手机使用大众点评搜寻附近美食时，从用户使用App查找餐厅，发现有优惠的团购活动，到进店后开始排队点餐，到最后完成支付进行就餐的整个过程中，人与人、人与手机等之间的交互，就是一个个任务流程中的触点。

图4-2-11 触点

（2）绘制情感坐标

一般在制作地图时，将用户的情感表达设置为平静、高兴和不高兴（也可以用满意和不满意代替）三种类型，并将任务中的触点放置于情感中线上（图4-2-12）。

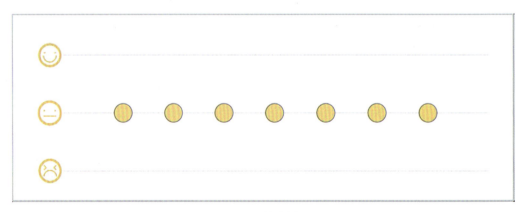

图4-2-12 情感坐标

（3）归类用户体验意见

在整个观察记录用户行为的过程中，研究人员会针对每一个环节向用户征询满意度并进行量化分析，然后把搜集到的"问题点"和"满意点"放到对应的每个触点上。"满意点"放在高兴的情感线上方,"问题点"放在不高兴的情感线下方(图4-2-13)。

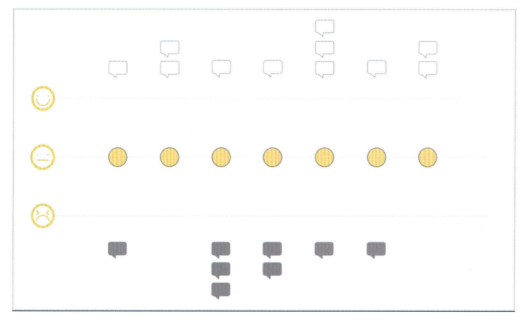

图4-2-13 归类用户体验意见

(4)绘制情感曲线

当"问题点"和"满意点"全部铺开时,研究人员便可结合自身专业知识对每一个触点的情感高低进行判断,连线绘制以用户情感曲线为导向的用户体验地图(图4-2-14)。

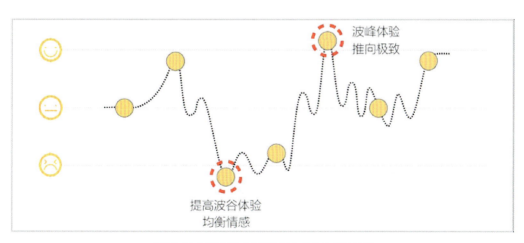

图4-2-14 以用户情感曲线为导向的用户体验地图

在绘制过程中，请注意考虑以下两点：权衡用户对问题点的在意程度；优先考虑用户的不满意点。看看整个体验地图的最高点，是否可以为它多做点事，将产品体验推向极致；再看看最低点，思考用户为何在这个环节的问题点如此多，或者不满意的情绪为何如此强烈？以此来推导产品或服务在这个环节上出现了什么样的问题，从而提炼改进点或寻找机会点。

4.2.4 四象限分析图

四象限分析图最早应用于时间管理方法中，事情的优先度会被建议使用两种维度表示：紧急程度和重要程度。紧急程度是时间方面的约束，比如某项工作的截止期逼近，那么它的紧急程度高；重要程度则是事件造成的影响或者是破坏程度。利用紧急程度与重要程度两者构建坐标系的X轴与Y轴，如图4-2-15所示。

图4-2-15 时间管理四象限图

四象限分析图法在产品前期调研阶段也被广泛应用。如图4-2-16所示，首先将产品结构、肌理、制作工艺、材料等各个维度作区分：产品结构（复合与单一），产品肌理（疏与密），产品外观风格（卡通与成人）等；然后在对应象限处用斜线标出产品所处区域。

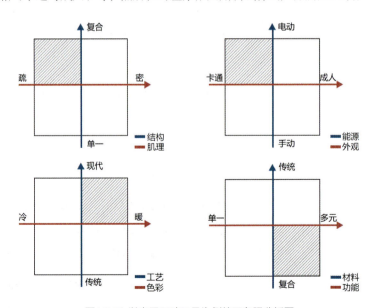

图4-2-16 以亲子互动玩具为例的四象限分析图

4.2.5 鱼骨图

鱼骨图（又名因果图、石川图），是一种发现问题"根本原因"的分析方法，现代工商管理教育理论将其划分为问题型鱼骨图（各要素与特性值间不存在因果关系，而是结构构成关系）、原因型鱼骨图（鱼头在右）及对策型鱼骨图（鱼头在左，特性值通常以"如何提高/改善"来写）。鱼骨图类似于树状图，有利于分析思考、理清思路、找出问题点，帮助设计者全面系统地了解问题、细化问题。

在面对产品设计问题时，可利用鱼骨图对各问题要素进行归类、整理，明确展现其从属关系，从而分析问题的重要性。如图4-2-17所示，面对机床绞入异物的问题，可归纳出人、机器设备、原材料等五大主要问题要素，并将每一要素细化整理展现。

图4-2-17 机床绞入金属异物鱼骨分析图

（1）总体步骤

① 填写鱼头（按为什么不好的方式描述），画出主骨；
② 画出大骨，填写大要因；
③ 画出中骨、小骨，填写中小要因；
④ 用特殊符号标识重要因素。

（2）绘制时的注意事项

① "大骨问题"的针对性要强、范围广，一般是此问题系统中的一个重要分支原因；
② 画法规范，显现出原因的层级关系，语言描述简短准确；
③ 一个问题画一张图，不要将多个问题画在一张图上。

4.3 产品设计手绘表现的具体流程

在明确了设计任务后,通过前期的用户研究、资料收集等设计调查,可进行设计分析,直至最终的设计定位。设计师可以借助前文提及的设计思维表现的具体方法进行设计分析。

产品手绘表现是设计的重要阶段,当设计进入这个阶段,意味着前期的问题概念部分的设计都已经完成,设计者只需按照之前的逻辑进行下去。这里讲解的产品设计手绘的表现流程主要针对当前较为常用的手绘表现方式——借助马克笔的综合表现法。

4.3.1 草图构思

首先,把握好透视和大的体积关系。这一阶段的手绘绝不是效果图,而是帮助自己快速记录思维或者想法的一种方式,很少有其他方式能够比这种方式更快、更能够记录感觉了。另外,注意形体中一些大面的分割,如屏幕、按键、装饰件等。这时的手绘可以多变与灵活,尽可能把创意通过手绘表现出来(图4-3-1)。

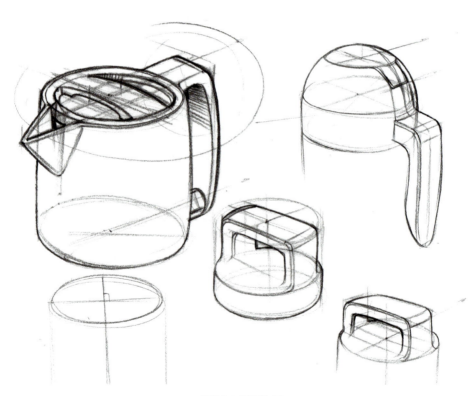

图4-3-1 草图构思

4.3.2 方案确定

产品造型设计手绘的整理阶段是从感性手绘过渡到理性手绘的过程。当前期感性的造型构思方案达到一定程度和数量之后,设计者便需要进入相对理性的整理归纳和提取升华阶段,从一堆看似杂乱无章的草图中寻找到闪光点,并在此基础上进一步推敲,从而确立方案。

如图4-3-2所示,这里要强调轮廓和转折等重要的线条,注意虚实、轻重变化。在整体形体确定之后,再把细节部分表现出来,例如分模线、孔洞、转折面等。

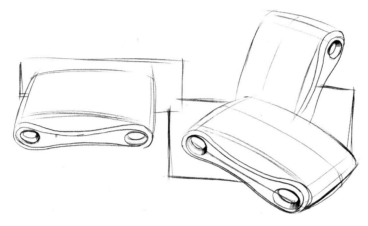

图4-3-2 方案确定

4.3.3 细节补充

有些产品需要加上Logo、按键、数字标识等信息,应根据实际情况进行刻画(图4-3-3)。

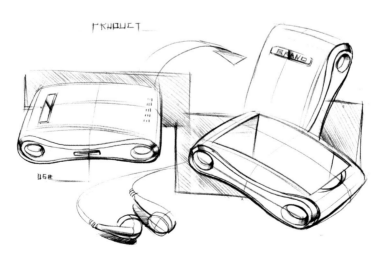

图4-3-3 细节补充

4.3.4 马克笔上色

首先，确定光源，按照由浅入深的马克笔上色原则，铺大的明暗关系，预留高光，区分材质固有色（图4-3-4）。

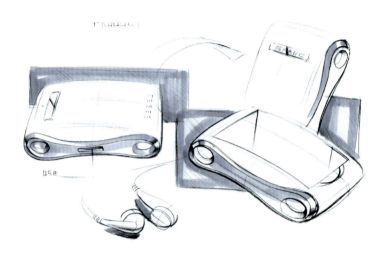

图4-3-4 马克笔上色（1）

其次，细化明暗关系，区分明暗层次（图4-3-5）。

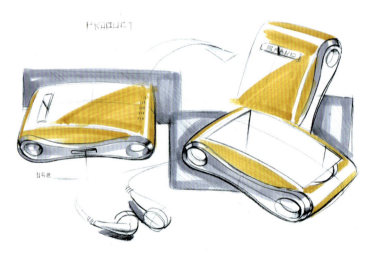

图4-3-5 马克笔上色（2）

然后,用马克笔对产品的暗部进行表现(图4-3-6)。

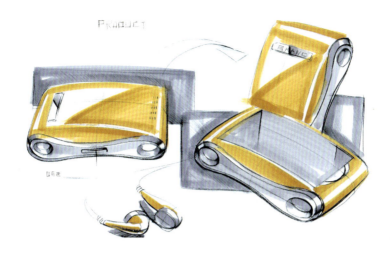

图4-3-6 马克笔上色(3)

最后,刻画细节,包括分模线、屏幕、孔洞等,添加高光,把马克笔出头的地方进行规整收边,完成绘制(图4-3-7)。

图4-3-7 马克笔上色(4)

第 5 章

计算机辅助产品设计手绘及作品赏析

5.1　手绘表现的发展趋势

随着计算机模拟技术的迅速发展，用计算机辅助进行设计已成为发展趋势。计算机辅助设计在表现时更为省时省力，使画面更容易获得逼真效果，但绝非直接替代传统手绘的全部工作（图5-1-1）。

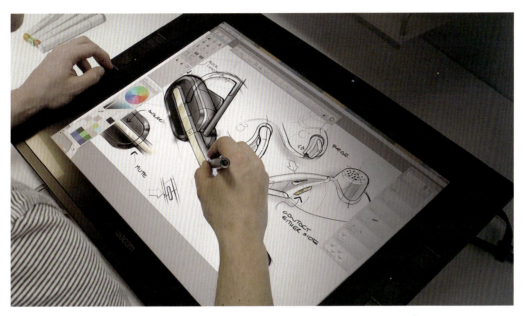

图5-1-1　利用数位屏绘制效果图

手绘与计算机绘图逐渐发展为一个设计系统的前后两部分，传统的手绘更便于直觉化地捕捉头脑中的创意，将其可视化；而计算机绘图更利于深思后的细节处理和完善。

计算机绘图是设计师通过计算机外接设备或独立图形输入设备，进行设计概念记录和传达的行为过程。它能快速处理许多复杂的工序，大大提高设计效率，同时又非常便于修改、存储和复制，现实模拟功能强大，恰当搭配渲染软件能准确真实地反映空间及材料的质感。

图5-1-2、图5-1-3所示的数位板，又名绘图板，是计算机输入设备的一种，通常由一块板子和一支压感笔组成。其核心参数有压感级别、分辨率、读取速度和起始压力等。数位板的品牌较多，国外有Wacom等，国产的有汉王、友基、联想等。

图5-1-2　Wacom 数位板

图5-1-3 利用数位板与计算机相连绘图

数位屏,又名手绘屏、书写屏,是计算机输入设备的一种。数位屏一般由一块液晶屏、主动式数位笔和支撑架组成,主要应用于工业设计(交通工具设计)等众多设计领域。如图5-1-4、图5-1-5所示,与数位板相比,数位屏的绘制更直观、准确,更利于直接绘制。常见的品牌有Wacom、绘客、友基、Bosto、Bosstouch、高漫等。

图5-1-4 用数位屏绘制汽车效果图

图5-1-5 用数位屏绘制产品草图

随着移动互联网与硬件科技的发展,平板电脑端可以承接之前手绘屏的作用。美国苹果公司在2019年6月更新了触控笔Apple Pencil,使其延迟时间从20毫秒缩减到9毫秒。借助Apple Pencil,设计师和艺术家可以在iPad Pro上进行更直接的创作(图5-1-6)。

图5-1-6 在iPad Pro上直接创作

随着苹果公司的Apple Pencil发布，罗技也推出了Logitech Crayon触控笔，笔杆比Apple Pencil短一些，它更接近传统水笔的长度，通过蓝牙配对后可以在iPad上进行绘制（图5-17）。

图5-1-7 Logitech Crayon触控笔

2018年10月，微软推出Surface Studio 2。如图5-1-8所示，绘制者可以一手操作Surface Dial设备（模块绘图助手工具，将其放在屏幕上会出现径向菜单用于实现操控），一手操作Surface Pen触控笔。

图5-1-8 Surface Studio 2设备

将Surface Dial直接置于屏幕上，选色器或标尺便会出现在Surface Studio 2的触摸屏上，绘制者可以访问快捷方式、控件、绘图工具及其他选项（图5-1-9、图5-1-10）。

图5-1-9 Surface Dial选色器的使用

图5-1-10 通过左右旋转Surface Dial浏览不同选项

微软研制的数字笔Surface Pen具备色彩感知功能,能够感知识别物体的颜色,并将这些颜色信息无线传输给计算设备,就像是PhotoShop中的取色器。Surface Pen一端是数字笔,另一端相当于橡皮擦,便于用户进行自由书写与绘画(图5-1-11)。

数位笔Inkling可以在任何地方记录创意,接收器可以配合任何纸张使用,最大可达A4幅面。如图5-1-12所示,在纸上用笔绘制的同时,接收器会记录整个笔迹过程,把接收器连接到电脑上,可以重现绘制过程,并且可以对每一笔进行调整编辑,然后导出其他格式以进一步使用,软件兼容Adobe Photoshop、Adobe Illustrator。

图5-1-11 Surface Pen

图5-1-12 Inkling数位笔记录笔迹过程

如图5-1-13所示的3D打印手绘笔LIX PEN允许在半空中画画，利用快速熔化和冷却彩色塑料，在三维空间中形成坚固的独立结构。

图5-1-13 3D打印手绘笔LIX PEN

目前，可用来绘图的软件有Photoshop、Painter、openCanvas、COMIC STUDIO、SAI、金山画王等。产品设计师多用Photoshop，因为它比较专业，且容易上手。Painter的优点是手绘感强，软件提供了很多类似于真实手绘的笔刷和纸张特性，也是一些高手的不二之选。绘制时可根据个人习惯选择。

使用硬件、软件都需要一个花时间熟悉的过程，大家可根据相关教程进行训练。

5.2 计算机辅助产品设计手绘的流程

下面以三个计算机辅助的产品设计手绘为例来展示使用数位板绘制产品的流程，大家可以一步步学习，循序渐进地掌握。具体方案由龙创·天津造型中心宋俊仕提供。硬件用的是国产和冠数位板，也可以用日本产的Wacom数位板。软件用2015版以上的Photoshop。

5.2.1 案例一——播放器的绘制

播放器是一个比较基础的训练图形，基本由直线和倒角组成形体，上下分成两个部分，仔细观察表面材质，上表面是由网点组成的平面肌理，立面是类似于灰色绸缎的面层肌理，而底座是象牙白质感的材质。通过分析表面材质来确定采用何种方法进行表现。接着把贴图素材收集好以备后面步骤使用（图5-2-1）。

图5-2-1 播放器

步骤一：打开Photoshop，新建一张尺寸为42cm×29cm、分辨率为300dpi的灰色画布，分好上下空间；用"铅笔"工具绘制播放器的透视框架图（图5-2-2）。画线时要求一笔成型，线条如果没有画直，马上删除再画。当然，这需要反复多次训练。

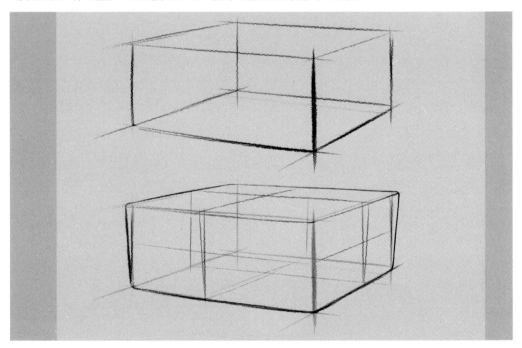

图5-2-2 播放器透视框架图

步骤二：刻画线型细部。这一步要先画出产品的边缘倒角、按键的位置和比例，然后刻画基座的形态。用"画笔"工具画线时会遇上不顺手的情况，可以调整画面的方向直至顺手为宜。对于软件中的画纸，通过控制键可以旋转其方向，便于操作。此外，还要注意线条的表现力，就像在画纸上画线一样，要强调线条的轻重变化，从而产生物体的前后关系（图5-2-3）。

步骤三：画好线型后进行上色。上色时，先建立新的图层；选用"钢笔"工具绘制路径，然后转换为选区，再用"油漆桶"填入白色。注意将图层的透明度调至30%，以便下一步绘制时不至于偏离形体。由于机身立面的灰色调与底色接近，所以在选择灰度时要适当深于背景色（图5-2-4）。

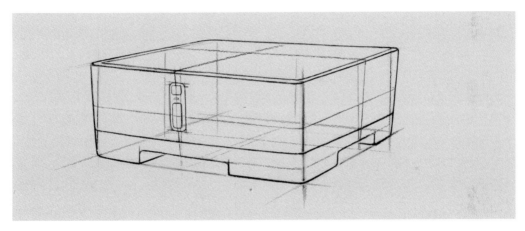

图5-2-3 刻画播放器线型细部

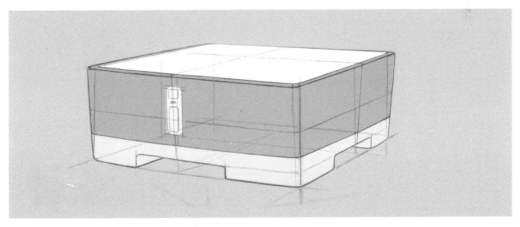

图5-2-4 为播放器上色

步骤四：这一步开始绘制明暗影调，在已经画好立面路径的图层中，用"画笔"工具的虚化笔触绘制影调；用"钢笔"工具画出产品的分割区，如控制按钮的凹陷区域，然后画上深灰色影调。画的时候要注意一笔一笔地加深，以便控制效果（图5-2-5）。

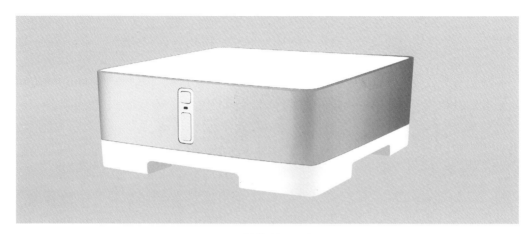

图5-2-5 绘制播放器明暗影调

步骤五：这一步要添加产品表面细节，如在机器顶面粘贴选好的材质；将产品的品牌标志粘到合适位置；画上部件之间的分界线。需要注意的是，标志的大小比例要符合审美要求。然后，画上产品的倒影和阴影，以增加立体效果。倒影的绘制方法是建立新的图层，用"钢笔"工具先画出倒影的轮廓，转换成选区，在灰背景上用"喷笔"工具喷出浅浅的倒影灰色；阴影主要指机器底座的缝隙处，绘制方法是，建立新的图层，圈定范围后用喷笔绘制。为了增加底座的圆滑感，还需要适度地羽化转角线。最后呈现的播放器表现效果如图5-2-6所示。

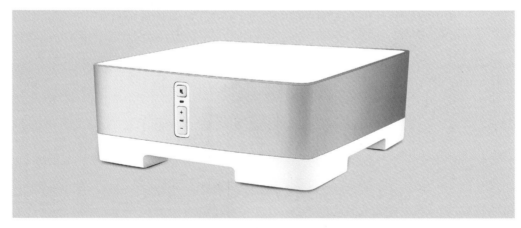

图5-2-6 播放器的最终效果

5.2.2 案例二——遥控手柄的绘制

遥控手柄是一个比较基础的训练图形,整体上曲面和曲线组成形体,前后分成两个部分——前尖后钝。仔细观察表面材质,整体表面是蜡质肌理的处理效果,看上去手感滑爽。产品全部采用中灰色塑料材质。按键采用正圆形体镶嵌在手柄表面(图5-2-7)。

图5-2-7 遥控手柄

步骤一:首先新建一张尺寸为42cm×29cm、分辨率为300dpi的白色画布,分好前后空间;用软件中"铅笔工具"绘制遥控手柄的透视框架图。画线时要预先设定点位,直线透视线框与弧形线框分别用一个图层进行绘制,要求一笔成型,直线与弧线要连接顺畅、圆滑、无硬角。线条如果没有画直,马上删除再画,画好长宽比例是关键(图5-2-8)。

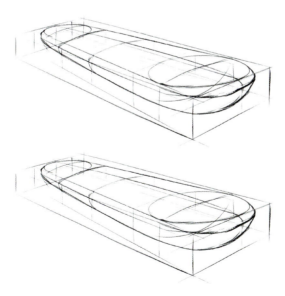

图5-2-8 遥控手柄透视框架图

步骤二:刻画线型细部。这一步要画出产品的边缘倒角按键的位置和比例;然后刻画按键的形态。用"画笔工具"画线时可根据需要调整画纸的方向以便于操作。注意线条的表现力，就像在画纸上画线一样，强调线条的轻重变化，从而产生物体的前后关系（图5-2-9）。

步骤三：线型画好后上色。上色时，先将直线透视图层的透明度降低；选用"钢笔工具"绘制路径，然后激活选区，再填入适中的灰色。注意将图层透明度调至30%，以便于下一步绘制时不至于偏离形体（图5-2-10）。

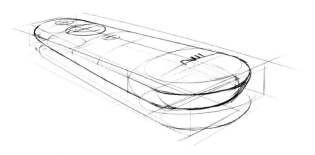

图5-2-9 刻画遥控手柄线型细部

图5-2-10 为遥控手柄上色

步骤四：这一步开始绘制明暗影调，在已经画好的立面路径图层中用"画笔工具"的虚化笔触绘制影调，用"钢笔工具"画出产品的受光区域，如遥控手柄的上面两侧区域；然后画上浅灰色影调，画的时候要注意一笔一笔地提亮，以便于控制效果；接下来刻画控制按钮标识轮廓，不要忘了圈出阴影区域，画出虚化的阴影（图5-2-11）。

图5-2-11 绘制遥控手柄明暗影调

步骤五：这一步要先添加产品表面细节，如在遥控手柄的顶面粘贴选好的标志。需要注意的是，标志的大小比例关系要符合审美要求，接着是完善产品的阴影和倒影，以增加立体效果。绘制方法是建立新的图层，用"钢笔工具"先画出倒影的轮廓，转换成选区，在白背景上用"画笔工具"喷出浅浅的倒影灰色。为了增加表面的圆滑感，还需适度地画出折射光（图5-2-12）。

图5-2-12 遥控手柄的最终效果

5.2.3 案例三——摄影器的绘制

摄影器是一个综合训练形体，由复合方块体和复合圆柱体组成，分左右两部分。仔细观察表面材质，摄影器的左侧由三层倒角方体叠加而成，立面肌理的细沙质感类似于红色绸缎，而右侧摄像头由灰色的圆柱体纵横相交组成，镜头有很好的折射光。分析表面材质后来确定采用何种方法进行表现。接着，把贴图素材收集好以备后面步骤使用（图5-2-13）。

图5-2-13 摄影器

步骤一：首先新建一张尺寸为42cm×29cm、分辨率为300dpi的中红色画布，分好左右空间。建立三个图层，分别绘制方块体和圆柱体。用"铅笔"工具绘制摄影器的透视框架图（图5-2-14）。

图5-2-14 摄影器透视框架图

步骤二：刻画线型细部。这一步要画出摄影器的边缘倒角，显示屏和镜头的位置和比例。然后刻画整体的形态。用"画笔"工具画出清晰轮廓线的同时要保留分型线、内部结构线、圆形中心线。注意强调线条的轻重变化，从而产生物体的前后关系（图5-2-15）。

步骤三：线型画好后进行上色。上色时，先建立新的图层，预先画好色块（图5-2-16）。选用"钢笔工具"绘制路径，然后激活，再分别为显示屏、镜头填入深黑、亮灰色。注意将图层的透明度调整至30%，以便于下一步绘制时不至于偏离形体。

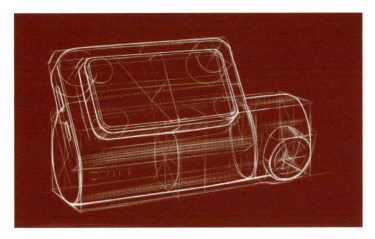

图5-2-15 刻画摄影器线型细部

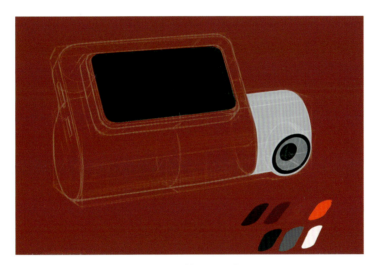

图5-2-16 为摄影器上色

步骤四:开始绘制明暗影调,在已经画好的色块中选取颜色,再建立表面阴影区域路径图层,用"画笔"工具的虚化笔触绘制影调,用"钢笔"工具画出产品的分割线,如摄影器的边缘开缝线、显示屏的凸出区域;然后为镜头画上深灰色影调,画的时候要注意一笔一笔地逐渐加深,便于控制效果;接下来是镜头光圈(图5-2-17)。

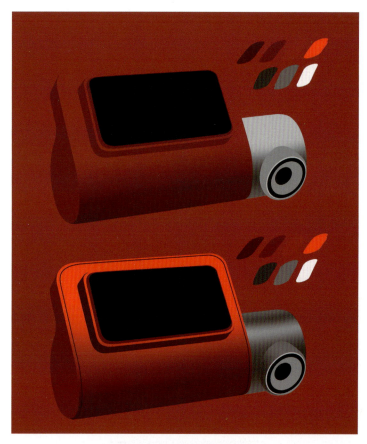

图5-2-17 绘制摄影器明暗影调

步骤五：这一步要添加产品表面细节，如屏幕、镜头上的折射光，产品的品牌标志，部件之间的分界线，侧面的充电插口与U盘插口。需要注意的是，标志的大小比例关系要符合审美要求。再画上产品的阴影和倒影，以增加立体效果。绘制方法是建立新的图层，用"钢笔工具"先画出倒影的轮廓，转换成选区，在红色背景上用"镜像工具"绘制出浅浅的镜头倒影，然后画出底部阴影，最后呈现的摄影器表现效果如图5-2-18所示。

图5-2-18 摄影器的最终效果

5.3 计算机辅助产品设计手绘作品欣赏

图5-3-1是一个中心对称的产品设计造型，直线与圆线相切，上下分成两部分，圆弧面上镶嵌直线转折面，整体采用灰白两个色调。该产品虽然小巧，但细节分明，绘制时不可马虎，要注重细节表现，否则难以画出效果。

图5-3-2所示的手提搅拌器造型比较复杂，曲线与直线交织，曲面与平面交接处反光、折射光比较多变，绘制过程中需细心描绘，反复推敲。对于产品下面的不锈钢金属杆，在上影调时要把握好受光面和反光面的界线。背景是在中度灰色的基础上喷绘了光斑，丰富了画面效果。

图5-3-1 小遥控手柄/宋俊仕

图5-3-2 手提搅拌器/宋俊仕

图5-3-3~图5-3-7展示了在数位屏上绘制的各类产品效果图或草图。

图5-3-3 用数位屏修补阴影部分

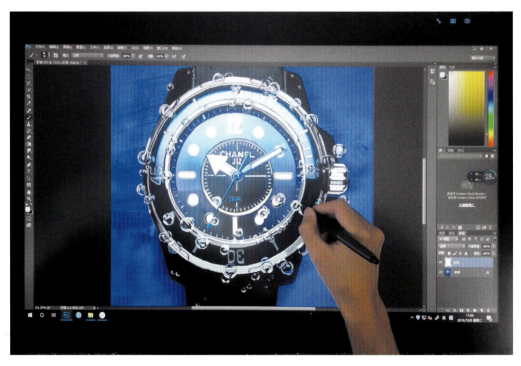

图5-3-4 用数位屏为手绘图添加特殊水珠效果

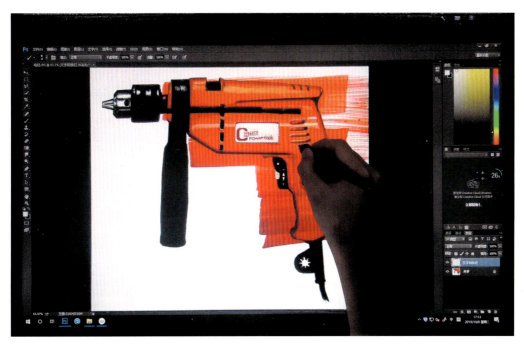

图5-3-5 用数位屏为手绘图加入标识和文字

图5-3-6 立体声耳机草图

图5-3-7 无线电钻效果图

图5-3-8~图5-3-17展示了手绘与计算机辅助相结合的系列汽车产品设计表现作品。

图5-3-8 卡车车头概念设计/宋俊仕

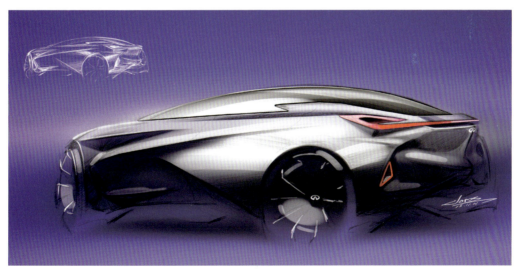

图5-3-9 运动型跑车概念设计/宋俊仕

图5-3-10 概念车(1)/盖伟

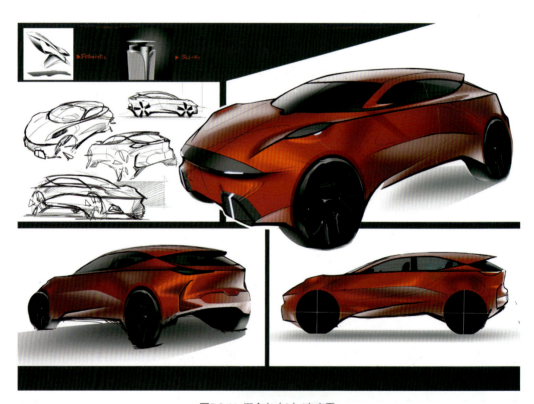

图5-3-11 概念车(2)/李奕霖

图5-3-12 双人电动汽车（1）/何况

图5-3-13 双人电动汽车（2）/何况

图5-3-14 概念卡车（1）/石培金

图5-3-15 概念卡车（2）/石培金

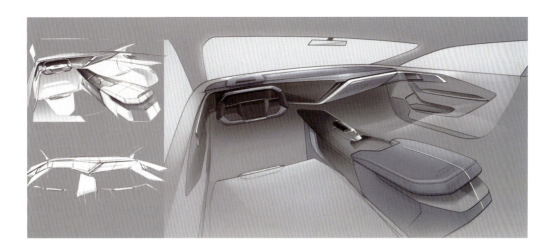

图5-3-16 汽车内饰（1）/陈笑

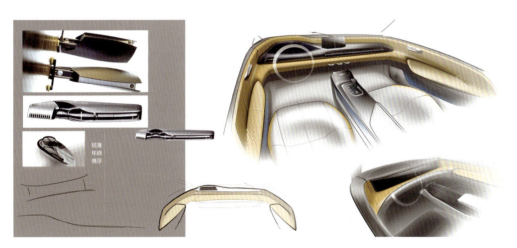

图5-3-17 汽车内饰（2）/曲晶

第5章
计算机辅助产品设计手绘及作品赏析

参考文献

[1] 卢纯福，朱意灏. 形态的限度[M]. 北京：中国建筑工业出版社，2016.

[2] 胡利安，阿尔瓦拉辛. 产品手绘[M]. 朱海辰，译. 北京：人民美术出版社，2016.

[3] 李丰延. 产品造型设计手绘表现技法[M]. 南宁：广西美术出版社，2019.

[4] 张立昊. 产品设计手绘与创意表达[M]. 武汉：武汉大学出版社，2019.

[5] 刘传凯. 产品创意设计2[M]. 北京：中国青年出版社，2008.

[6] 埃森，史都尔. 设计素描sketching产品设计不可或缺的绘图技术[M]. 朱海辰，译. 新北：龙溪图书，2008.

[7] 彭红，赵音. 产品设计表达[M]. 北京：北京大学出版社，2015.

[8] 刘涛. 手绘教学课堂：刘涛工业产品表现技法[M]. 天津：天津大学出版社，2009.

[9] 文健，王强，章瑾. 产品设计手绘表现技法教程[M]. 北京：清华大学出版社，北京交通大学出版社，2011.

[10] 梁军，等. 借笔建模：寻找产品设计手绘的截拳道[M]. 沈阳：辽宁美术出版社，2013.

[11] 曹学会，袁和法，秦吉安. 产品设计草图与麦克笔技法[M]. 北京：中国纺织出版社，2007.